第三版

高科技 產業分析
high-technology industry analysis
優勢策略 一次公開

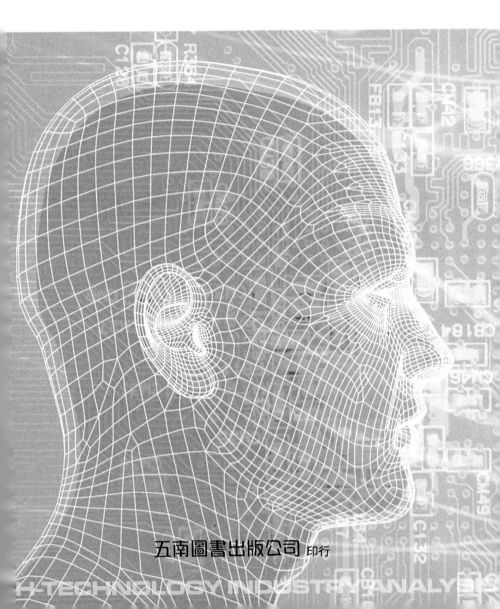

五南圖書出版公司 印行

● 作者序 ●

　　中國大陸流行一句話，就是「沒有調查就沒有發言權」，這樣的精神，一樣適用在高科技產業分析的領域。沒有對產業進行分析，如何能夠提出產業策略；沒有提出產業策略，產業又如何能夠進行發展？所以高科技產業分析，是擬定策略、發展產業所不可或缺的！

　　高科技產業是我國經濟發展的柱石，可是每一個產業都有其核心技術，在隔行如隔山的情況下，市面上的相關書籍，多著重在其技術面。這樣對於文、法、商及科技管理的學子們，無意中已形成了學習的進入障礙，同時對於政府擬定相關政策的諸公，即使有心了解高科技產業，也很難深入每一個產業，就是在這樣的一個背景之下，延智期望能完成一本，內容深入淺出、讓社會人士都能了解的高科技產業書籍。

　　本書的特色是，將我國目前重要的高科技產業作為主軸，輔以SWOT的實務分析模式，使學習者很快就能進入高科技產業的殿堂，不會瞎子摸象，更不會只在技術層面摸索，卻忽略了該產業的總體走向與變化趨勢。本書第三版增加了3D列印科技與雲端科技，滲入到各種產業及運用，同時也增列高科技產業分析途徑，以提供讀者認識高

科技產業。儘管延智有心，但個人畢竟才疏學淺，很多領域也是在學習之中，所以錯誤在所難免。因此也懇請學術與實務界的先進，能夠不吝指教，以啟延智之魯鈍，達共同貢獻社會之目標。

　　本書之所以能夠誕生，要感謝上帝的恩典，由於祂的恩典，使得延智獲得五南圖書出版公司主編張毓芬小姐、第一、二版編輯吳靜芳小姐，第三版侯家嵐小姐的大力協助，才使得本書能夠正式出版。此外，也要感謝小女兒行美，在時間狀況緊迫下，幫忙繪圖與攝影，在此一併紀念與感謝。深願此書能夠嘉益學子，使高科技產業的知識能夠廣為流傳。

朱延智

筆於 彰化 明道大學

yjju@mdu.edu.tw

●目　錄●

作者序

第1章　高科技產業分析㈠ 1

第一節　產業的意義與分類／3
第二節　高科技產業的意義與內涵／7
第三節　高科技產業衡量指標／10
第四節　產業發展三大理論／17
第五節　產業分析途徑／30

第2章　高科技產業分析㈡ 39

第一節　產業結構關係變化／40
第二節　產業創新模式／43
第三節　產業政策／47
第四節　如何保護高科技產業／54

高科技產業分析

第3章　半導體產業.................................. 59

第一節　半導體產業產品／61

第二節　半導體特性／67

第三節　我國半導體產業特質與發展／71

第四節　IC 製造流程／74

第五節　我國半導體產業優勢與威脅／82

第六節　因應戰略／86

第4章　生物技術產業.................................. 93

第一節　生物技術產業特性／95

第二節　生物技術產業應用範圍／103

第三節　生物技術產業結構／109

第四節　生物技術產業發展過程／111

第五節　我國生物技術產業的內在缺陷與外在
機會／116

第六節　我國生物技術產業的因應戰略／122

第 5 章　醫藥產業 **131**

第一節　醫藥產業特性／133
第二節　醫藥產業結構／141
第三節　醫藥產業機會與威脅／145
第四節　醫藥產業的發展戰略／150

第 6 章　光電產業 **159**

第一節　光電產業範圍介紹／161
第二節　光電產業發展特質／171
第三節　光電產業挑戰與威脅／175
第四節　光電產業機會與優勢／178
第五節　光電產業因應策略／184

第 7 章　太陽能產業 **189**

第一節　太陽能產業特性／190
第二節　太陽能關鍵零組件／197
第三節　太陽能產業機會與優勢／202
第四節　太陽能產業的威脅／206

第五節　太陽能產業發展策略／211

第 8 章　發光二極體產業 217

第一節　發光二極體產業特性／218

第二節　LED 產業發展機會／226

第三節　LED 產業發展策略／231

第 9 章　薄膜電晶體液晶顯示器產業 237

第一節　影像顯示器／238

第二節　產業特性／241

第三節　TFT-LCD 產業關鍵零組件／245

第四節　薄膜電晶體液晶顯示器產業機會與優勢／250

第五節　薄膜電晶體液晶顯示器產業劣勢與威脅／254

第六節　薄膜電晶體液晶顯示器產業策略／259

第 10 章　奈米科技與產業 271

第一節　奈米結構特殊性／272

第二節　奈米科技／275

第三節　奈米科技與人類生活關係／278

第四節　奈米科技對產業影響／284

第五節　奈米科技產業的 SWOT 分析／291

第 11 章　3D 列印（3D Printing）科技與產業 297

第一節　3D 列印基本程序／298

第二節　3D 列印技術優點／301

第三節　3D 列印運用／304

第四節　3D 列印 SWOT 分析／307

第 12 章　雲端科技與產業 311

第一節　雲端產業簡介／312

第二節　雲端產業運用／313

第三節　我國雲端產業 SWOT 分析／316

第四節　雲端產業發展策略／319

Chapter 1

高科技產業分析㈠

　　自 1990 年代柏林圍牆拆除後，全球走向民主與自由經濟，同時網際網路等高科技，更加速形成「地球是平的」（The World is Flat）的無國界競爭。在無國界競爭的經營環境下，全球化已成為世界經濟大趨勢，每個國家的產業，都可能是我國產業的競爭者，所以國際市場競爭日趨激烈。

　　面對全球化的競爭環境，產業界線愈趨模糊，產品跨領域發展，加上技術突飛猛進、產品生命週期快速縮短，尤其是總體環境的劇烈改變，無論是傳統產業或高科技產業，目前皆處於重大轉型期。國家競爭力要有所突破，就是要來自於創新與研發，以及其衍生創造出來的有形與無形資產。有鑑於此，中華民國除鎖定兩兆（半導體、影像顯示）雙星（數位內容、生物技術）產業外，也將焦點置於雲端等高科技產業。儘管過去在全球競爭力舞台上，有過亮麗輝煌的表現，但現在已然面對新興國家急起直追，且兵臨城下的挑戰，同時在知識經濟時代的來臨，競爭力已經面臨不進則退，甚至不創新則難以生存的重大壓力。

　　目前國際產業發展，明顯有五大趨勢：第一，綠色經濟將蔚為風尚；第二，服務業重要性將與日俱增；第三，網路科技將持續延燒，並深入各個產業；第四，雲端與大數據的應用，將為產業帶來革命性的變革；最後，隨著自由貿易協定廣泛簽署以及科技發展，企業無國界將更加盛行。要確保我國產業競爭優勢，就應加速提升產業創新能

力，引導廠商奠基於既有優勢，並積極投入創新技術的開發，以知識密集的研發活動，促使產業轉型、升級，以創造更高的價值。同時，在策略上，產業必須積極透過「求新」、「求變」與「求精」的策略重新定位，來開創產業發展的新天地。

第一節　產業的意義與分類

一般所謂的「產業」（Industry），係指一群從事相似經營活動的企業，全部的總稱。例如，機器人產業、無人機產業、雲端產業等。

產業可以按不同的變數加以區分，譬如資源密集程度、產業的特性、政府的分類等，以下針對這些不同類別的變數，分類並說明。

一、資源密集程度分類

資源按密集程度分類，可以把產業劃分為勞力密集產業、資本密集產業和技術密集產業。

㈠勞力密集產業（Labor Intensive Industry）

是指一個產業在進行生產活動時，所需要的勞動人力，遠超過技術和資本的投入。

(二)資本密集產業（Capital Intensive Industry）

是指一個產業在進行生產活動時，需要資本設備的程度，大於需要勞動人力的程度時，則稱為資本密集產業。

(三)技術密集產業（Technology Intensive Industry）

又稱知識密集型產業，這是需用複雜先進而又尖端的科學技術，才能進行工作生產與服務。

二、產業特性分類

第一級產業是農業，第二級產業是工業，第三級產業是服務業。

三、政府對產業的分類

民國 100 年 3 月行政院針對「中華民國行業標準」，曾進行的分類。此處所謂的行業，是指經濟活動部門的種類。本次行業標準分類修訂，共分為 19 大類、89 中類、254 小類、551 細類。就其大類來說，第一大類是農、林、漁、牧業；第二大類是礦業及土石採取業；第三大類是製造業；第四大類是電力及燃氣供應業；第五大類是用水供應及污染整治業；第六大類是營造業；第七大類是批發及零售業；第八大類是運輸及倉儲業；第九大類是住宿及餐飲業；第十大類是資訊及通訊傳播業；第十一大類是金融及保險業；第十二大類是不動產業；第十三大類是專業、

科學及技術服務業;第十四大類是支援服務業;第十五大類是公共行政及國防、強制性社會安全;第十六大類是教育服務業;第十七大類是醫療保健及社會工作服務業;第十八大類是藝術、娛樂及休閒服務業;第十九大類是其他服務業。

四、產業環境特性分類

美國哈佛大學教授麥克‧波特(Michael E. Porter),根據產業環境特性,將產業分為以下五大類:

㈠分散型產業

是一個競爭廠商很多的環境,在此產業中,沒有一個廠商有足夠的市場占有率去影響整個產業的變化,在此產業大部分為私人擁有之中小企業。

㈡新興產業

是指一個剛剛成形,或因技術創新、相對成本關係轉變、消費者出現新需求、或經濟、社會的改變,而導致轉型的。

㈢變遷產業

產業經過快速成長期進入比較緩和成長期,稱之為成熟性產業,但可經由創新或其他方式促使產業內部廠商繼續成長而加以延緩。

㈣衰退產業

凡連續在一段相當長的時間內，單位銷售額呈現絕對下跌走勢的產業，而產業的衰退，卻不能歸咎於營業週期、或其他短期的不連續現象。

㈤全球性產業

競爭者的策略地位，在主要地理區域或國際市場，都受其整體全球地位根本影響。

表 1-1　相關研究者對於產業之定義

學者	年代	定義
Kotler	1976	產業是由一群提供類似且可相互代替的產品或服務之公司所組成的。
William G. Shepherd	1979	產業就是市場，主體就是供給和需求雙方的團體。
Porter	1985	產業就是一群生產相同或類似的產品，而且具有高度替代性產品，來銷售給顧客的廠商。
吳思華	1988	產業通常指從事製造的行業，也就是指從事經濟活動的獨立部門單位，而且是以場所為單位以作為行業分類的基礎。
林建山	1991	依需求面而言：一群生產具有相互密切競爭關係的企業群。若依供給面而言：凡是採用類似生產技術之廠商群。
余朝權	1994	產業是指正在從事類似經營活動的一群企業總稱。

資料來源：Porter（1980）

第二節　高科技產業的意義與內涵

　　科技型產業是二十一世紀，強化國家競爭力的重要因素，更是驅動整體產業發展的原動力。而產業技術能力為其決勝關鍵所在，亦是產業永續發展的泉源。諾貝爾經濟學獎得主顧志耐（S. Kuznets）教授指出，人力及資本累積對平均生產力的成長率，貢獻不到十分之一，事實上，經濟成長的主要來源是技術進步。這與哈佛大學波特（M. Porter）教授在《國家競爭優勢》（*The Competitive Advantage of Nations*）書中指出，在全球競爭激烈的世界，傳統的天然資源與資本，不再是經濟優勢的主要因素，新知識的創造與運用更為重要，是同樣的道理。此外，麻省理工學院（MIT）教授梭羅（L. Thurow）在其名著《世紀之爭》（*Head To Head*）及《資本主義的未來》（*The Future of Capitalism*）也指出，「技術」是人造的競爭優勢，是下一世紀國家競爭力的基礎。綜合上述三位國際級的學者專家意見，都共同確認，科技是未來競爭力重要的關鍵因素。

　　目前的科技進展，令人目不暇給，由過去的經濟發展史，可以證實技術的進步，是帶動經濟發展的重要動力，衡諸工業革命、汽車產業、電信事業等發展歷程，都可以得到印證。以往科學（Science）和科技（Technology）的

成長,是彼此獨立的,然因商業化及解決問題的實際需要,科學和技術的發展途徑,已從原本平行的兩條線,變成相交在一起。若從我國的產業結構變遷,也可得到具體的證明。從昔日農業、製造業到以服務業為主,而製造業的重心,也由傳統的食品加工業、石化、汽車等產業,轉移到高科技產業。

高科技產業(High-technology industry)的定義,依不同的角度有不同的定義。孫震依科技投入特性,來定義高科技產業,其認為任何產業,均可因研發而成為高科技的產業。從這個角度出發,研發程度愈高,技術密度較高,就屬於高科技產業者。Shanklin & Ryans定義高科技產業,應符合三項原則,一是具有堅強的科學技術基礎,二是新技術能迅速淘汰現有技術、新技術之應用,三是能創造市場與需求等三項評估的準則。

高科技產業有別於傳統加工出口產業,關鍵即在於其為資本或技術密集,而非勞力密集。高科技產業的特性,在一般人的主觀認知裡,通常是指具高精密、高敏感性設施、高資本密集、產品製程繁複,與連續性等生產特性的產業。事實上,這樣的觀點並沒有錯,只是在說明高科技產業時,仍然有所缺欠,這主要是未將產品生命週期短、研發比例高、產品附加價值高、知識密集度高等重要特性納入。

　　高科技企業經營的環境，與傳統產業也是有別的，最大的差異就是，技術發展與變遷快速、經營風險高、市場競爭激烈、外部環境變化大、成功回報的時間短、幅度高等。

　　世界各國對於高科技產業，多以產業分類與產業特性，來進行高科技產業的判斷。在學術界對於科技產業的定義，則有相當的差距性，有的是列舉式定義的作法，如歐盟即依據國際貿易標準分類（SITC），明確地列出醫藥、核子反應器、電力機械、電信設備等 28 類高科技產品；日本長期放款銀行也列舉出工業用機器人、積體電路等 92 項產業為高科技產業。每個國家所期望發展的科技產業，也許因資源稟賦的差異而有所不同，但技術密集則是高科技產業的核心。

　　總結來說，高科技產業具有六種特性：⑴產品市場變化快，生命週期短；⑵以研發人才為本；⑶利潤及風險皆高；⑷注重生產線人員之再教育；⑸著重研發人員之團隊研發精神；⑹重視專利及著作權。

表 1-2 台灣與歐美、日本高科技之比較

中華民國	光電科技、生物科技、材料科技、航太科技、能源科技、B型肝炎防治科技、食品科技
歐　盟	醫藥、核子反應器、電力機械、電信設備等 28 類高科技產品
美　國	化工及製藥、機械（尤指電腦和辦公設備）、電機及通訊、專業及科學儀器、航空及飛彈
日　本	工業用機器人、積體電路、辦公室自動化、新材料工業、生物科技、資訊網路系統、電腦、光電工業、航太工業

第三節　高科技產業衡量指標

　　一國經濟乃由各種不同產業所構成，所以要有何種程度的經濟發展，完全視產業的性質與發展而定，所以如果說產業是國家發展的命脈，一點都不為過。

　　通常在衡量高科技產業的指標是，以技術密集度為主。技術密集度＝研究發展支出／銷售值。基本上，在衡量國家產業總體表現的指標時，有外顯與內涵等兩大因素。評斷國家產業競爭力外顯的重要項目，涵蓋：(1)產值大小、產業在國際上排名、世界市場占有率、出口成長率；(2)產業獲利率、生產力、附加價值；(3)產業技術能力、專利、論文、技術指標；(4)產業投資報酬率、設備利用率；(5)產品價格等。

　　除了以上這些「外顯指標」外，尚有一些長期競爭力的內涵指標：⑴產業內各廠商的總合因素，例如 R&D 投入、設備投資、管理能力、製程技術、技術更新速度等；⑵產業內廠商間相關因素，例如策略聯盟、產業垂直、水平分工情形、周邊產業關聯性等；⑶產業外在總體環境因素，較為重要的有政府政策、經濟環境、環保要求、交通與通訊條件等。總的來說，低層次的產業競爭優勢，可以建立在少數單純的關鍵因素上，例如勞動力或一般天然資源，但較精緻的產業則有賴較多及較專門的有利因素支持。

　　儘管各國產業競爭環境不同，但不變的是產業競爭環境，必然是產業經營成敗的戰場。在知識經濟大環境架構下的產業競爭，就不能光從產業內部層次來思考，而是要從區域，甚至全球的角度來思考。因為在全球化的時代，產業競爭非常激烈，國外有學者指出，過去所有經濟的發展都是加法，最多只有以乘法的速度成長，但現在的知識經濟，已進入到排列組合式的急速成長。未來的產業創新研發，應該要培植適合該國有競爭力發展產業的目標導向。國家若能建構愈健全的產業環境，就愈能培育產業的發展與競爭力。

　　要掌握一個國家產業競爭環境的真實狀態，可以從五方面著手：⑴產業進入障礙；⑵產業規模經濟潛能；⑶產業內產品線相關性；⑷產業對市場控制力；⑸產業對上游

原料及其價格掌握度。這五大方面的脈絡，分析如下：

一、產業進入障礙

產業進入障礙的程度高低，絕對影響產業的發展。不同產業進入障礙顯著不同，其中以投資規模、專業技術取得困難度、政府政策、對市場的控制力等，則屬較為顯著的變數。

二、產業規模經濟潛能

規模經濟潛能除表現在機器設備外，尚包括原料採購、勞動力、運籌、通路等。由於它會隨產量增加而降低成本，所以如果可行，就應擴大規模以追求規模經濟利益。全球經濟已進入電腦資訊時代，電腦資訊的應用導致市場結構變化到全球化，所以一國產業規模經濟潛能能否發揮，會攸關該國產業的競爭力。

三、產業內產品線相關性

這是指產業間彼此相似與關聯的程度，涵蓋範圍十分廣泛，從生產技術、設備、原材料、銷售對象、通路、互補程度。如果相關性高，就可增加產品線以發揮綜效。事實上，不啻產業內產品線具相關性，一國產業與產業之間也不是彼此獨立，而是彼此間存在著直接或間接的關聯

性，尤其具有競爭優勢的各種產業，更能提升國家更高層次的產業體系。

四、產業對市場控制力

產業內廠商對於下游廠商，或市場價格的控制力量的差異，對於市場戰略的影響甚大，因為產業在市場上的獨占性降低，產業就會逐漸衰退。以商業銀行為例，以前廠商取得資金要靠商業銀行，但現在管道多了，不必然需要經過銀行，商業銀行因此喪失獨占性，被市場邊緣化。但是要如何判斷獨占力的強大與否呢？基本上，有九大方面可以參考：

㈠產業集中度

產業集中度是學者最常用以衡量產業競爭狀況的變數。因其代表產業中，領先廠商的聯合市場占有率。集中度的計算，常以「相同市場範圍」內，「所有廠商家數」及其銷售總額為準。

產業集中度主要是以「領先廠商」（Leading Firms）、「寡占者」（Oligopolists）等兩項占有率為考量。該項占有率愈高，對市場獨占力則愈大。依據凱珊（Kaysen）及邱勒（Turner）兩位學者的研究，當產業集中度大於 60% 時，就具有寡占市場的型態；而 Scherer 則認為產業集中度大於 40%，即可稱為寡占市場。一般最普遍採用的方式

是，最大的四家或最大的八家廠商銷售額，占產業總銷售額的比率。

㈡設計與製造的核心能力

要評估一個國家的產業科技水準，不能僅從能不能生產某種產品而定，要看能不能自行設計、製造並生產這些產品，所需要的儀器和機器、關鍵性零組件、關鍵性原料，以及自行設計生產的製程。以面板產業而言，如果機器、關鍵性零組件和關鍵性原料，都來自於外國，在我們生產面板以前，這些國家已經賺走了大批的資金，這樣的產業獨占力，就值得更進一步的商榷。

㈢產能利用率

這是指產業年度生產總值，占產業銷售總值的比率。當產業產能低利用率時，即代表該產業所面臨的市場，呈現供過於求的現象。在此種狀況下，對市場獨占力量自然降低。

㈣顧客使用必然性

顧客對產品需要程度依次為中間財、資本財、耐久性消費財，以及非耐久性消費財。

㈤產品差異度

產業產品差異度高低，可視為同一產業間產品替代程度的高低，進而影響定價策略，自然會使市場獨占力量提

高。

㈥顧客相對集中度

產業對市場的獨占力,除了本身條件外,還決定於顧客的條件。一般而言,顧客的數目愈多,相對規模愈小,該產業對市場的獨占力愈高。

㈦政府產業政策

政府若能以政策工具,阻礙同產業類似產品的進口,就有利於產業的獨占力。但不代表產業的獨占力,就等同產業的發展與前景。

㈧外銷依賴度

這是指產業外銷總值占產業銷售總值的比率。當外銷依賴度愈高,廠商必須在世界性市場與其他國廠商競爭,因此對市場控制力相對較低。

㈨產業內產銷協調一致度

產業內廠商如果在生產或銷售活動,採取一致作法,將形成獨占力量。此種協調程度可以從生產數量、銷售數量、銷售價格、產能擴充等方面衡量。雖然同業間適度的競爭,可以促使廠商致力於產品創新,與生產技能的改良,但是幾乎所有企業都將同產業競爭,視為最棘手的問題。為消弭同業相互競爭,絕大多數產業均曾試圖在產銷數量以及銷售價格上達成協議,以提高對市場的控制力。

五、產業對上游原料及其價格掌握度

產業對上游原料、零組件，及其價格掌握度低，就代表該產業受制於「人」，所以應該儘速分散原料來源。掌握度高低的判斷，可從六項變數加以辨識：

㈠產業集中度

集中度高的產業，對於上游的原料、零組件，相對上控制力較高。

㈡原料重要程度

原料重要度可由原料占成本的比值，和替代原料等兩者關係加以考量。原料對該產業重要性愈高，則該產業對上游原料來源獨占力愈低。

㈢原料差異度

產業所需原料差異度愈高，代表原料替代程度高，那麼產業對上游獨占力自然低。

㈣供應商集中度

供應商量愈多，相對規模就愈小，該產業對原料來源的獨占力愈高。

㈤原料對外依存度

進口原料成本占總成本原料的比率。一般而言，進口

原料供應數量與價格較不穩定，進口原料占總成本愈高，產業對原料控制力愈低。

㈥政府產業政策

政府若禁止同類原料進口、限制採購對象或干預市場原料價格，均不利於對原料供應來源的獨占力量。

第四節　產業發展三大理論

新興產業要能成型，至少要有三個方面的搭配，才能有所成。首先是基礎科學的研究能力，其次是資金市場快速累積資金的能力，以及應用市場產業的形成。為什麼是這三方面呢？這就要了解這三方面的精神。

一、跨領域的產業人才與技術

產業要發展，就必須有起碼的基礎科學研究，才有能力使產業茁壯。這就涉及到多面向的技術研發人才。

譬如，以生技產業的發展來說，所須人才是多面向的！早期研發尋找新藥標的時，需要的是化學、生物背景的人才；臨床前實驗當然就是要有動物、毒理、藥理相關的專長；進入人體臨床時，就會加進來醫生、醫藥、專利法規、財經、工程人才；到了生產製造和行銷時，又是另一批的專業。如果是發展醫材產業，那麼就會再加進來機

械、工程、生醫、資通訊等人才。

二、資金投入

自國內的資金市場取得發展資金，是在成長初期一個極為關鍵的步驟。在產業的萌芽時期，尤其是產業尚未形成，沒有國際資金市場的注意與後援，產業是不容易興起與蓬勃發展的。

三、應用市場

產業應用市場愈大，產業的成長空間則愈高。以半導體產業為例，所生產製造的只是零件，其最終的使用方式，都是融入電子應用之中，所以需要電子應用市場來支援半導體的成長。我國過去是靠其電腦產業，韓國則在通訊和家電產品方面有強烈成長的勁道。

圍繞這三個方面，所形成的產業發展理論，儘管各有不同，但都是產業發展不可或缺的面向。

一、鑽石模型理論

哈佛大學管理學大師波特（Michael E. Porter）在《國家競爭優勢》一書中，以「鑽石模型」（Diamond Model）為理論架構，提出產業發展要均衡須注意的六大面向，分

別為：

㈠要素稟賦

　　天然資源，勞動力的質與量，水、電、交通、通訊等基礎設施，研究發展設備與科技水準等項，都是一國重要的要素稟賦。過去傳統經濟理論假設是封閉環境，然而現今在衛星傳播、網路頻寬加大的開放環境下，資本、勞工等生產要素具可移動性。只要具備企業家精神，透過衛星及網路的傳遞，企業就可自行組合生產要素。所以傳統經濟理論的生產要素（土地、資本、勞工、企業家精神），在知識經濟的時代，土地的重要性相對降低，如數位文化產業（愛爾蘭知名的踢踏舞團「大河之舞」），就是一例。

㈡需求條件

　　國內市場的需求數量、發展潛力，以及是否具有高標準要求的顧客。若國內消費者的要求水準愈高，對外就愈具有競爭力。

㈢廠商策略、結構以及競爭

　　廠商的經營策略、管理型態、組織結構，以及其在國內所面臨的競爭程度或壓力。當國內競爭程度愈高，對外，該國產業就愈有競爭力。

㈣相關及周邊支援產業

　　產業上、中、下游體系是否完整健全、周邊支援供應

系統是否彈性靈活、有無產業群聚現象。有產業群聚，對該國產業自然有加分的作用。

㈤政府

　　政府對產業、競爭、教育、科技，以及金融等方面的政策方向和施政效率，對於產業發展的影響，有其一定重要程度的影響。以全球太陽能產學為例，全球太陽能產業自興起迄今，淡旺季週期循環似仍未有定性，主要仍在於該產業一隻「有形之手」從未遠離，這隻看得見的手，影響了供需的機制，與自由市場的活動，這隻手就是政府的政策。隨著歐債風暴的骨牌效應，2010 年當時歐洲各國，開始削減政府補貼政策或加稅等，使行業展開了第一次大清洗。2012-2013 年，伴隨著歐美市場，祭出雙反（反補貼、反傾銷）制裁政策，再次清洗失靈的市場，與過剩的

表 1-3　政府角色在鑽石體系中行動上的涵義

行動涵義	生產要素	需求條件	相關與支援產業	企業策略、結構、同業競爭
財經	健全金融體系、維持資金市場的流動	利用財政政策擴大內需、公營事業民營化	建立法規，鼓勵產業環節相連結	促進經濟升級，使資源得以重組或重新定位；鼓勵市場開放及全球化策略

行動涵義	生產要素	需求條件	相關與支援產業	企業策略、結構、同業競爭
教育	發展教育機構、提供技職訓練	提高人文素養，追求高品質的生活	建立研究、教育機構，以培植人才	建立民族榮耀及使命感
科學	廣設研究機構、刺激技術創新	鼓勵創新及升級，形成預期需求	加速新技術的發展，以帶動產業上、下游的創新及國際化	政府科技發展部會與企業研發部門共同進行技術交流合作
內政	建立完善的福利制度	建立社會價值，改善社會風氣，以創造需求	維持治安，提供產業穩定的環境	培養人民世界觀，激勵人民對產業的忠誠與奉獻
交通	加強基礎建設	促進資訊流通，創造內行、挑剔的顧客及刺激產品升級	資訊流通技術提升，以利產業環節相連結	創造產業群聚的環境

產能。同時，由於日本福島核災，以及中國大陸經濟結構轉型，與城鎮化等政策，因而刺激需求快速躍升。那一波政策推動的需求，也使得台灣太陽能電池片等廠商，在2013 年第二季起，迎來了業績逐季成長與轉盈的契機。

㈥**機運**

　　國家經濟體系之外，為本國單獨所無法控制的一些外

在環境。事實上，產業究竟能否發展，不一定能完全掌握。有哪一家台商，事先能預防到 2014 年的越南大暴動，是因中共鑽油平台引起？這說明「人算不如天算」，因此產業能否發展，最後上帝才是關鍵！

根據該理論的精神，一國要建立產業競爭優勢，就必須有六個條件加以配合：(1)有效率地利用勞工、天然資源和資金的配合；(2)國內市場對品質的嚴格要求；(3)上、下游工業的配合；(4)競爭激烈的國內市場；(5)政府所創造的外部經濟；(6)機運。根據波特研究產業競爭優勢結晶是，「鑽石模型」中的各種因素彼此關聯，牽一髮而動全身，而其相對重要性則因產業而異，低層次的產業競爭優勢，可以建立在較少數而單純的關鍵因素上，例如一般天然資源的優勢。但較精緻的產業，則有賴較多、較專門性質的有利因素支持，其中政府就具有舉足輕重、動見觀瞻的影響力。由於政府握有重要關鍵性的資源，有責任將這些有限的資源，用在最緊要的關口上。

二、產業群聚理論

2001 年波特在《競爭論》一書中，指出產業群聚是：「在某特定領域中，一群在地理上鄰近、有交互關聯的企業和相關法人機構，並以彼此的共通性和互補性相連結。」因此，產業群聚可視作是一種聚集經濟，亦即產業間經濟

活動的發展，因投入產出之關聯，會創造出許多空間聚集的現象，並藉由不同的產業需求而獲得利益。

產業發展常有所謂的「地理集中性」，譬如瑞士三大藥廠大都集中在巴塞爾（Basel），義大利的羊毛紡織業則集中於兩個城市，美國廣告業更密集於麥迪遜大道（Madison Avenue）。根據我國經濟的發展歷程，產業群聚對於資訊科技產業的發展，功不可沒。尤其是新竹科學園區的建立，更是加速產業發展的創新速度以及技術擴散程度。

產業群聚的組合，不只是地理集中性，它也可以分別從文化群聚、經濟群聚（產業功能別、目標市場別）、科技產業群聚及責任群聚予以不同組合、納集，以形成為集體國際化或集體全球化之共享實力。為什麼產業群聚會較具有效率？二十世紀初期學者馬歇爾（Alfred Marshall）對此現象，提出三項主要解釋：

㈠專業供應商的出現

對於某些產業，其產品的生產，需要某些特定的機器、設備、原料以及專業的服務。然而，一家廠商對這些專業性生產材料的需求，不足以使這些材料提供者，在市場上生存，或必須索取高額的費用才能生存，因此廠商的聚集、需求的增加，可能促使專業供應商的出現。如此一來，所有聚集在工業區內的廠商，便能夠以較低的成本，取得這些專業性的材料與服務，也因而使其生產成本下

降，生產效率提高。

(二)技術勞工（Skilled Labor）的聚集

由於廠商的群集，使得與產業相關的技術勞工，也因而聚集在一起。如此一來，廠商便易於找到適當的勞工從事生產，而勞動者也易於找到適合其專長的工作，來貢獻其所長，因此所有聚集在工業區內的廠商與勞工，生產效率都將提高。

(三)專業知識與技術的擴散

專業知識與技術，是生產不可或缺的重要條件。除了廠商透過本身的研發或購買，以取得技術之外，對競爭者產品加以拆解、分析與研究，或經由不同廠商勞工的聚會，以及言談時，無意中傳達的專業知識，均有助於廠商生產效率的提高。當廠商聚集在同一工業區內生產時，專業知識與技術的擴散將更容易，而且幅度更深。因此使得工業區內的廠商，生產效率高於工業區外的廠商。

儘管產業群聚有上述這些重要的功能，但是要如何才能找到有利的產業群聚所在呢？有鑑於商品在國際間的移動，必然涉及經濟距離與運輸成本（運輸成本包括運費、包裝費、處理費、保險費等），而運輸成本又會影響產業的國際競爭力，所以適當的產業群聚位置，必然要將運輸

成本納入考慮。

下列有三種產業區位（Industry Location）理論，可以作為產業群聚的參考。當然，這是從政府要發展該產業的角度出發，如果產業已自然形成群聚，就不需要再大費周章地更改位置。

㈠資源或供給導向（Resource-oriented Industries）

資源導向即產業位置，靠近其所需的生產資源者。資源導向的產業，通常是屬於該產業最終產品重量或體積，比其原料輕或小很多的產業。因此，該產業若將生產地，設在接近資源或原料的供應地點會較有利。這是因為最終產品每單位距離的運輸成本，比原料每單位距離的運輸成本高出許多；也就是說，其運輸成本遠大於其生產的最終產品。所運到市場的成本，諸如鋼鐵、基本化學品和鋁產品等產業。

㈡市場或需求導向（Market or Demand Oriented）

市場導向即產業生產需要靠近市場，如此才可以節省運輸成本，避免市場變化快速而喪失市場先機。例如美國的汽車業，在海外接近市場的各地，設有汽車裝配工廠，這是因為零組件的運輸成本，低於汽車的運輸成本。

㈢自由自在或中立的（Footloose or Neutral）

中立性區位導向的產業，則是屬於該產業經營，不需

要太靠近原料供應所在，也不需要太靠近市場需求之所在。為何會產生中立性區位導向產業的原因是：(1)該產業的產品非常有價值，因此運輸成本占總成本，非常小的部分，例如資訊電子產品及鑽石；(2)該產品生產既不失重（Weight Losing），也不加重（Weight Gaining），亦即原料每單位距離的運輸成本，與最終產品每單位距離的運輸成本很接近。在以上這兩種情形下，該產業的區位所在，便具有高度的移動性。因為運輸成本對該產業不具重要性，而生產成本對產業占很重要分量，因此區位的選擇，就不需特別考慮原料所在地或市場需求所在地。例如，美國的電腦業，會把美國製的電腦配件，運到墨西哥邊界地區，再利用墨西哥廉價的工資，使電腦在生產線上生產為最後產品，再回銷到美國市場。

三、產業結構實力理論

除鑽石模型、產業群聚可創造產業優勢外，就產業結構本身的實力而言，也是產業優勢所不可或缺的。構成產業結構實力有七項內外變數是不可忽略的，這七種變數如下：

㈠產業上、中、下游的配搭與完整程度

上、下游配搭度愈強，就愈容易在全球產業的分工體系中，爭取競爭利基與較高的附加價值。但是產業上、

中、下游的配搭與完整程度，並不是朝夕可成，因此政府協助的角色就格外地重要。

㈡產業內企業的規模、數目、密度、關聯度

產業對內競爭度愈高，對外卻有共同的利益，這種關聯度愈強的產業體系，其規模愈大、密度愈強，通常可以帶來加成的效果；反之，受到政府保護程度愈高，產業對內競爭度愈低，產業的發展，卻常常受到限制。

㈢產業技術產品與市場

突破目前技術以提升本身的附加價值，強化產品的品質，是產業發展重要之路。在競爭激烈的市場中，具有競爭力且能夠繼續成長型的企業，而這些企業中，若能有較具規模的領袖型企業來帶動該國的產業，該國產業成功的機率就會較高。

㈣商品化能力

能夠迅速將基礎研究，或研究機構的研發成果，加以商品化的能力與經驗，該產業在國際上的競爭力就會加強，存活力就會較高。以共產國家為例，由於是計畫經濟體制之下，商品化能力往往最不需要，久而久之，商品化能力自然萎縮。

㈤產業技術突破

一國產業技術是否能夠突破瓶頸，攸關產業未來的發

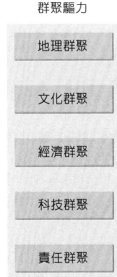

群聚驅力	群聚策略	群聚效應
地理群聚	垂直群聚 vertical cluster ·上下游 ·買賣方	·互聯關係 ·均衡利益 ·競爭力聚合 ·倍力化議價能力 ·共享分享 R&D ·新科技衍生 ·新管理援用 ·資訊暢流 ·創新波溢
文化群聚		
經濟群聚	水平群聚 horizontal cluster ·顧客群 ·科技群 ·通路群	
科技群聚		
責任群聚		

圖 1-1　產業競爭力之磐石：產業群聚（Clustering）

資料來源：林建山博士（February 2001）根據哈佛大學及倫敦政經學院
　　　　　教授 Christopher A. Bartlett and Sumantra Choshal, Transnational
　　　　　Marnagement: Text, Cases, and Rendings in Cross-Bcrder Mana-
　　　　　gemenl(3rd ed.). Boston, MA: Irwin/McGraw-Hill 2000, pp.232-
　　　　　233 意圖衍生示意圖。

展。所以如果有一個帶頭的企業，能夠適時突破產業成長
所面臨階段性的困境，這個國家產業就可能有更大的發展
空間。產業努力的方向，大體來說是屬於「漸進增值性創
新」（Incremental Innovation），它是產品改良與製程改善，

屬於一種內向型或廠商系統內、產業系統內的創新,主要的重點,大多集中於成本降低。「漸進增值性創新」通常出現在價格競爭很激烈的產業,而且是屬於「規模經濟」,具有高度決定性地位的產業,其生產方式多屬資本密集型態,設備專精化程度亦較高。但在漸進增值性創新之產業,每一種產品的變遷,或每一種產品功能的改變,代價都相當可觀。

㈥產業環境

經濟學之父亞當・史密斯(Adam Smith)常強調,政府最大的責任,就是建構適合產業生存的環境。產業是否能夠順利發展,除產業內部環境的資金、技術及人才外,產業外部環境亦是必須觀察的指標,如穩定的經濟發展環境、良好的治安投資環境、資本市場的健全與否、國際景氣需求的階段(成長或蕭條)等,都是非常重要的。

㈦產業內競爭強度

產業內競爭強度愈高,成長的動力就愈強,生存的機率就愈高;反之,產業若長期處在獨占或寡占的情況下,由於缺乏競爭,成長的動力就會減低,就長遠看,生存的機率也會減低。

依先進國家之實證經驗,產業「主體性創新」,最適合運用於技術勞動力密集、成本無效率的產業。以台灣紡

織產業現況而言，整體產業裝備基本上並無太大特色，也缺乏標準產品設計，購買者及使用者，可以隨時輕易要求變更產品，正是產業主體性創新，可有效發揮作用的一個典型產業。所以若是國家面臨產業空洞化或衰退產業時，該國產業應有積極創新的精神，重建產業新的生命力。

自發性政策工具的主要內容，主要是透過政府和產業的協議，產業致力於環境改善的創新行為，並超越法律上要求之環境標準，政府減少產業在法令下必須面對之責任，即可稱為自發性政策。在自發性政策下，產業保證達成法令上要求之環境目標。由於產業擁有比政府更豐富的生產資訊，可從其生產過程中，包括原料供應、製造、流通、銷售、使用到廢棄等流程，仔細檢討環境改善之可能方法，使得產業得以降低防制成本。

第五節　產業分析途徑

國內企業愈來愈重視員工的產業分析能力，以提升對企業經營決策（營運決策、投資決策、成長決策等）的正確性，所以近年來，產業分析能力已成為中高階主管、行銷策略規劃人員必備的基本能力。尤其產業有上下游之間的關係，如果不了解產業內的供應鏈，就會有見樹不見林之憾。同時產業內與產業外，都會有其威脅與競爭者，因

此更需要藉助正確的產業分析，了解該產業內各種相互作用的力量，並據以判斷各項投資與產品開發，才能勝其先勝。

「產業分析」具有四種重要的特性：一是未來取向、二是利益取向、三是競爭取向、四是環境取向。正因為具備這四種重要的特性，「產業分析」能提供企業擬定市場戰略以及年度計畫時，重要的情報資訊，俾能了解產業內，各種相互作用的力量，並據此判斷各項投資與產品開發。本節提出以下各種常用的產業分析途徑。

一、產業生命週期理論

產品生命週期理論是最常用來預測產業演變軌跡的分析工具。其基本假設為，產品均會歷經導入期、成長期、成熟期、衰退期四個階段。產品生命週期可以加以擴大運用，而成為產業生命週期，其概念與產品生命週期相似。根據 Hill & Jones （1998）的界定，產業生命週期包括導入期、成長期、震盪期、成熟期、衰退期等階段，此象徵整個產業演化之過程，如下圖 1-2 所示。

㈠導入期

導入期是指產業才剛起步，因此大眾對此產業尚感到陌生，並且產業尚未能獲得規模經濟來降低成本，因而採取較高的定價。所以在此階段的產業，其成長相對緩慢。

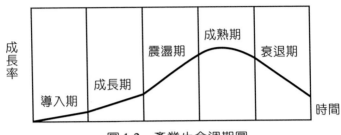

圖 1-2　產業生命週期圖

在此階段中的進入，是在於產業能否取得關鍵性因素。

㈡成長期

　　當產業的產品開始產生需求時，產業便會步入成長階段。在此階段中，會有許多新買者的進入，因而使需求快速擴張。

㈢震盪期

　　由於需求不斷擴大，再加上新企業的加入，使得在此階段的競爭變得激烈。並且由於產業已習慣於成長階段的快速成長，因而會繼續以過去的成長速度，相互比較來增加產能。但此階段的需求成長，已不如成長階段，因而會產生過剩的產能。所以企業會紛紛採用降價策略，來解決產業消退，與防止新企業加入的問題。

㈣成熟期

　　產業經過震盪階段後，便會邁入成熟階段。在此階段

中，市場已完全飽和，需求僅限於替換（replacement）需求。成長階段中其成長率是很低的，甚至於沒有成長。並且此時的進入障礙會提高，但其潛在競爭者的威脅會降低。

㈤衰退期

最終，大部分的產業會進入衰退階段，由於許多因素會使得成長率開始呈現負的成長。這些因素包括了技術的替代、人口統計的變化、社會的改變、國際化的競爭等等。在此階段中，其競爭程度仍然會增加，並且有嚴重的產能過剩問題，因此企業便會採取削價競爭，並可能引發價格戰。

表 1-4　產業生命週期的產業特徵

生命週期階段	主要產業特徵
導入期	·產品定價較高 ·尚未發展良好的經銷通路 ·進入障礙主要來源為關鍵性因素之取得 ·競爭手段為教育消費者
成長期	·獲得規模經濟效益使價格下降 ·經銷通路快速發展 ·潛在者的威脅度最高 ·競爭程度低 ·需求快速成長使企業增加營收

生命週期階段	主要產業特徵
震盪期	・競爭程度激烈 ・產生過多的產能 ・採用低價策略
成熟期	・低市場成長率 ・進入障礙提高 ・潛在競爭威脅降低 ・產業集中度較高
衰退期	・呈現負成長 ・競爭程度繼續增加 ・產能過剩進而產生削價競爭

資料來源： Hill , C.W. and G.R. Jones (1998), Strategic Management Theory, p.52

二、S-C-P 模型

　　Scherer在1970年，綜合了Masov（1939）及Bain（1959）的觀點，於1980至1990年間，提出了完整的產業分析架構。S-C-P（Structure-Conduct-Performance）理論模式中，主要是在探討產業中的市場結構、廠商行為與其經營績效三者之間的相互關係。

㈠市場結構

　　係指市場組織之特性，此特性會隨著時間的經過而改變，去影響市場內的定價與競爭模式。其主要的元素包括：買方與賣方人數、產品差異性、進入障礙、成本結構、垂直整合、企業多角化等。

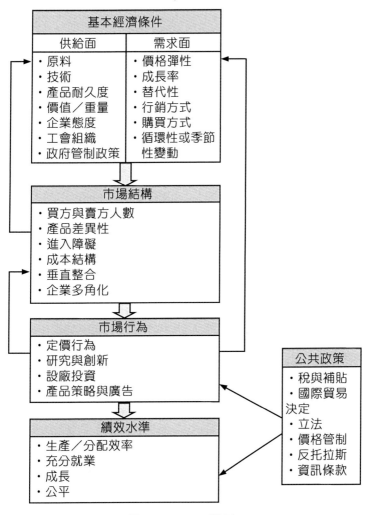

圖 1-3　S-C-P 模型

資料來源：F.M. Scherer (1990), Industrial Market Structure and Economi-
　　　　　cperformance, 2nd ed., Boston: Houghton Mifflin Company.

㈡市場行為

　　係指企業為了因應市場結構變化而產生的策略行為，主要包括廠商在競爭過程中彼此影響、互動、調適的行為。

㈢市場績效

　　是上述行為之結果，評估其在市場體系中表現在價格水準、技術、利潤率、經營績效、企業成長等方面，是否能達成社會福利的指標。

　　S-C-P模式是採用全面的觀點來探討市場結構，認為市場結構是由生產者的規模、集中程度、產品差異化、外在政策等多項因素所決定。在此種市場結構下所產生的競爭方式、行銷通路、定價會有所不同，以致於影響其在投資、廣告、研發等決策行為，更進一步地去決定廠商績效、反應、資源分配的效率與成長等。

三、SWOT 分析法

　　SWOT 分析是透過產業（企業），內部優勢與劣勢，及外部環境的機會與威脅，來進行分析。它可作為產業與企業進行策略規劃（Strategic Planning）時，關鍵性的角色。然而如何將SWOT分析結果，與策略進行連結，甚至進行策略議題擬定與行動方案建立，Weihrich（1982）曾有很不錯的作法，就是將內部的優勢（Strengths）、劣勢

（Weakness），與外部的機會（Opportunities）及威脅
（Threats）等，相互配對。然後利用最大的優勢和機會、
及最小的劣勢與威脅，以界定出所在位置，進而研擬出適
當的因應對策。

　　根據 Weihrich 的提議，基本上，產業（企業）可以有
四大類的策略：

㈠　SO 策略，即依優勢最大化與機會最大化（Max-Max）
　　之原則，來強化優勢、利用機會。

㈡　ST 策略，即依優勢最大化與威脅最小化（Max-Min）
　　之原則，來強化優勢、避免威脅。

㈢　WO 策略，即依劣勢最小化與機會最大化（Min-Max）
　　之原則，來減少劣勢、利用機會。

㈣　WT 策略，即依威脅最小化與劣勢最小化（Min-Min）
　　之原則，來降低威脅、減少劣勢。

表 1-5 SWOT 分析之策略擬定表

內部因素 外部因素	優勢（S）	劣勢（W）
機會（O）	SO 策略之對策方案 Max- Max SO_1 SO_2 SO_3 SO_4	WO 策略之對策方案 Min- Max WO_1 WO_2 WO_3 WO_4
威脅（T）	ST 策略之對策方案 Max-Min ST_1 ST_2 ST_3 ST_4	WT 策略之對策方案 Min-Min WT_1 WT_2 WT_3 WT_4

資料來源：Weihrich, Heinz (1982), "The SWOT Matrix-A Tool for Situation-alAnalysis", Long Range Planning, Vol.15, No.2, p.60.

Chapter 2

高科技產業分析㈡

第一節　產業結構關係變化

　　產業結構不是僵化靜止的，而是不斷地發展變化，而這種變化無論是發展中國家或已發展國家，這種結構關係都在變化當中。前蘇聯學者凱德洛夫在研究世界科學發展時，曾指出世界性的科技進步，並不是齊頭並進，而是有一門或一組作為主導科學帶頭向前發展，然後再影響到一國產業的生產結構。關聯效應就是指這些可以扮演火車頭功能的產業，其產業的發展，可以帶動或推動其他相關產業的成長。

　　從十七世紀以來，這種帶頭學科的替代方向是：力學→微觀物理學→控制論、原子能科學和宇宙航行學→分子生物學。與此相對應，世界上帶頭技術的替代方向是：蒸氣機技術→紡織技術、採礦技術、冶金技術、機械技術、交通運輸技術、化工技術→電力技術和電器技術→現在的新技術群。與此相關的新興產業的替代產業是：機械業→紡織業、採礦業、冶金業、化工業、交通運輸業→原子能發電產業、石油化工產業、電子產業、計算機產業→現在正出現的高技術產業群。

　　所以總合全球產業的發展趨勢，可以發現初期係以「農業為基礎」，隨著工業革命的來臨，首先，發展的是

基礎產業，如電力、海運、鐵路、煤、銀行等；第二階段的「工業發展」為機械化，主要的發展為重化工業，包括鋼鐵、石油化學、機械設備等；第三階段的工業發展，則是電子化時代的來臨，產業發展以「電子產業」為主，包括電腦及半導體為基礎的各項產品；第四階段則進入「資訊化時代」，以電腦通訊網路為基礎的產業，開始迅速地成長，包括各種資訊系統的開發、資料庫的提供、衛星通訊以及智慧型建築物的興起。隨著通訊網路之發達，高度服務業也隨之興起，包括資訊通訊服務、資料庫服務、醫療服務、各種資訊服務及各種新型服務業興起。長期的趨勢則以「生命文化產業」的發展為主體，包括生化產業（生物醫療、生物化學）、人工智慧利用產業以及文化產業（如宗教、藝術）的蓬勃發展。

經濟學著名的「佩第—克拉克定理」，從另一個角度，觀察產業結構關係的變化。它是指隨著經濟發展和國民所得提高的時候，勞動力會由第一產業向第二產業移動。當國民所得更進一步提高之後，勞動力又會趨向第三產業。第一產業將逐步減少，第二產業及第三產業的份量將逐步增加。這整個變化的過程與取向，就是「佩第—克拉克定理」的精神。第一級產業所指的就如農業、林業、漁業、牧業；第二級產業以工業為主，如礦業、電子業、通訊業、營造業等；第三級產業如服務業，根據國際標準

工業分類制度包括批發及零售貿易、餐廳旅館、運輸、倉儲、電信、金融服務、保險、不動產、商業服務、個人服務、社區服務及政府服務。經濟變成以服務業為主後，無可避免地將朝「本地化」發展，也就是說，愈來愈多的勞動力所生產的「服務」，銷售對象都在同一個都會區內。不論是健保醫療、教育、法律代表、會計，或按摩、理髮、修指甲，產業與消費者之間關係信賴關係，扮演著重要角色。

　　1971 年諾貝爾經濟學獎得主西蒙‧庫茲列茲（Simon Smith Kuznets），對西方國家的經濟變化的研究，也有相同的結論。農業部門即第一產業所實現的國民收入，在整個國民收入的比重和農業勞動力，在全部勞動力中的比重一樣，處於不斷下降中。工業部門即第二產業的國民收入相對比重，大體是呈上升走勢。服務部門即第三產業的勞動力比重，隨著經濟環境與產業結構的變遷，第三級產業的成長，在經濟發展的過程中，逐漸扮演舉足輕重的角色。在產業型態轉變與多元化的情形下，形成許多新型的第三級產業。我國半世紀的產業發展情形，過程與「佩第—克拉克定理」不謀而合。

第二節　產業創新模式

西方經濟學中，特別強調「創新」，具體形成理論者，首推熊彼得（Schumpeter, 1939）。其創新理論的要點，可以歸納為以下兩點：

第一，創新意義的說明：按照熊彼得的定義「創新」，是指「企業家對生產要素的新的結合」，它包含以下五種情況：

1. 引入一種新的產品，或提供一種產品的新品質；
2. 採用一種新的生產方法；
3. 開闢一個新的市場；
4. 獲得一種原料或半成品，新的供給來源；
5. 實行一種新的企業組織形式，例如建立一種壟斷地位或打破一種壟斷地位。

第二，在熊彼得的理論體系中，「創新」是一個經濟概念，是指經濟上引入某種「新」事物。它與技術上的新發明是不同的。一種新發明，只有當它被應用於經濟活動時，才成為「創新」。發明家也不一定是創新者；只有敢於冒風險，把新發明引入經濟的企業家，才是創新者。此外，在熊彼得看來，企業家之所以進行「創新」活動，是因為他看到了「創新」（藍海）會帶來盈利的機會。「創

新」浪潮的出現，造成了對銀行信用和對生產物資的擴大需求，引起經濟高漲。一旦其他企業紛紛起來模仿，形成「創新」浪潮之後，這種盈利機會也就趨於消失。

　　高科技產業是二十一世紀強化國家競爭力的重要因素，其中創新與研發的能力，則是科技產業的心臟。若無創新與研發，科技產業就有如行屍走肉，無法永續、持久。一般來說，經濟或產業的發展，有以下三種不同模式：

一、系統創新（System Innovation）

　　將現有技術予以重新組合，以提供一種新的功能領域。

二、漸進式創新（Radical Innovation）

　　指產業在現有科技典範下，循著既有軌跡漸進地發展，從事改善績效或降低成本的創新，這種透過「嘗試與錯誤」學習經驗的累積，相當於常態科學的解謎活動。一般常見於競爭者相互競爭的技術創新、增量性的產品改良，包括新式樣、新包裝或是邊際性的製程改良。

三、躍進式創新

　　意味著產業快速追趕的速度，躍進式創新又稱為突破性創新（Breakthrough Innovation）、蛙跳氏創新（Frog-leap Innovation），這是以重大發明為基礎，創造一個新的典範

架構、一個新的產業,或是另一種不同世代全新的核心產品或製程。蛙跳式產業技術進步,是指進展不能一步步來,要像青蛙跳躍般地向上突破。一個國家或產業的躍進式發展,至少必須建立在兩個基本前提上,第一是要有相當深厚的科學基礎,因為突破創新或者是新技術軌跡的發展,往往相當仰賴扎實的科學基礎;第二個條件則與需求面有關,即一個國家的相當比例的人口,已經富有到足以消費所謂「State-of-the-Art」的產品,這在達到一定的臨界規模之後,將可能使這個國家成為 Lead Market。

經濟學家克魯曼指出,當技術發展到某種程度,後進者可直接採用先進者的技術與經驗,縮短摸索學習期間,迅速達到現代化程度。最早工業化的英國,前後花費 183 年,美國花了 89 年,德國、法國等平均花 73 年,但十九世紀末才工業化的日本卻只用短短不到 30 年。

躍進式的「蛙跳戰術」,可以不需要走其他先進國家產業的老路,可以直接使用最新技術。事實上,若後進者技術追趕(Play Catch-up)的角色,其所累積的「技術存量」仍與先進國家的產業有一段差距。如何快速縮短技術差距,不斷投入研發,建構有效率的全面性創新體系,加強國際科技合作整合,是重要的方法,向其他國家購買技術或尋找技術合作,也是一種途徑。

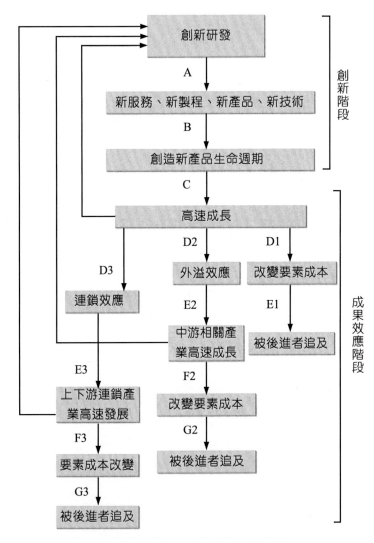

圖 2-1　研發創新與產業成長之動態圖

　　儘管技術創新很重要，但是失敗率也很高，主要原因在於技術創新過程中，可能因技術上的無法突破而失敗，此為技術風險（Technical Risk）。其次是社會或顧客的需求多樣且多變，因而造成技術創新的產品或服務，不被社會大眾所接受，此為業務風險（Business Risk）或稱市場風險（Market Risk）。

表 2-1　經濟或產業的三種發展模式

創新的標的 ＼ 創新的程度	躍進式	漸進式	系統式
產品	新技術與新構想的發展與應用	只改變產品特徵、形狀等	組合現存的技術以產生新產品，這種不需要任何新技術
製程	新的產品生產方式或服務方式	可透過經驗曲線，邊做邊學來改進現有的製程	數量與產能的增加

第三節　產業政策

　　實施產業政策的主要目的，在於促進產業發展，實施方法可從產業結構、產業組織以及產業技術發展等三方面

著手進行。在產業結構面上，可藉由擴大產業發展領域、促進產業結構高度化的政策與措施，來調整衰退產業的產業調整等，以提高資源的生產效率；在產業組織面上，是藉由維持競爭性之市場結構、促使企業活動有效率的展開相關政策等，以促進市場自由化，加強產業內競爭；在產業技術發展上，是藉由協助產業技術的發展，以促成新興產業的創立，或衰退產業的轉型與升級。

我國從過去的勞力密集、資本密集、技術密集，到現在的知識密集產業型態，在每一個時代，都有不同的發展重點新興產業。早年是以米、糖、樟腦油與茶，享譽國際。進入二十世紀後，1960年代台灣以農產品、罐頭食品為出口大宗、70年代的紡織品、80年代的電機及電器用品，到90年代則為電子資訊產品。隨著產業政策的指引，中華民國科技水準提高，經營實力提升，且擁有全球多項傲人的成績，由此可見產業政策的重要性。

產業政策的良窳，對產業發展尤為關鍵。根據已開發國家與開發中國家的產業發展軌跡，可以發現政府的產業政策，是促進該國產業或經濟發展，重要關鍵的因素。基本上，產業政策是指「協調政府行動，引導生產資源，以協助國內生產者更具競爭力」。產業持續成長是維繫國家經濟的命脈，所以一國在規劃產業政策，應該朝「附加價值高、技術密集度高、市場潛力大、能源係數低、污染程

度低、關聯效果大（可帶動相關產業發展）、產品可大量替代進口」（減少貿易逆差）等方向發展。

產業政策的定位及功能，主要在於彌補市場價格機能之不足，從而確保市場機能，得到充分發揮的效果，導使生產資源的有效配置與利用。產業的活動，仍以秉持自由競爭的市場原理為基礎，惟當產業活動全委由市場機能運作，而無法達到政策企盼的狀態時，政府宜以直接或間接的方式，參與介入產業活動，以加速激發產業活力，誘導產業朝期望的方向上發展。此外，要強調的是，產業政策還有另外三項功能。

一、化解市場失靈

產業要能夠有營收獲利，靠的就是市場上的供需來決定，一旦供需之間的平衡被破壞，輕則影響公司營收，重則讓企業破產倒閉，由此可知供給與需求之間，有一定的平衡點存在。但因研究發展等活動，先天上就具有研發報酬的高度不確定性，以及公共財的非排他性，若完全依賴市場機能的運作，常不能使其數量品質與方向，達到符合經濟效率的程度。因此研發初期，就突顯產業政策的重要性。

二、創造或擴大有效需求

　　利用政策穩定的採購需求，來降低研究發展活動在初期的不穩定性，以確保產業技術有市場的發展性。

三、爭取局部優勢

　　小國從事科技發展工作，在本質上就受限於人力、資金與市場的限制。為解決先天上的瓶頸，以政策引導集中資源，將可加速產業科技的發展，並爭取局部競爭的優勢。

　　日本大藏省（Ministry of International Trade and Industry，簡稱MITI）常被學者提到它如何成功地與產業進行溝通協調的功能，進而決定培植的項目、協調產業標準規格、決定財務支援、快速蒐集國際各項產業資訊，來協助產業間的策略聯盟，定出標準規格，對市場變化作快速的決策反應。無論喜歡或不喜歡，日本大藏省無疑是一個榜樣。

　　產業能否快速發展，主要在於產業能否精確掌握研發的方向，並以商品化為依歸，以 "Time to Market" 為明確的時程，精準地計算投入與產出，並且適時彈性地調整資源運用。其中政府正確的產業政策，是無可替代的，日本就是例子。由於產業政策對於產業的基礎建設，制定與執行，必然影響國家整體產業的發展與國家競爭力。一般來

說，為強化產業的競爭力，政府大都會運用四種政策工具：第一種是產業輔導，以提供產業相關的技術，來幫助產業升級；第二種是租稅減免，如我國的產業升級條例；第三種是關稅保護；第四種是補貼，如我國經濟部中小企業處承辦的「兆元貸款輕鬆貸」等活動。所以，政府若能以國家產業政策方式，突破產業技術瓶頸，就能增強該國產業競爭優勢。

　　在經濟發展史上，未來政府在新興產業政策制定時，除了要修正錯誤的政策外，更應以日本為借鑑，從宏觀的

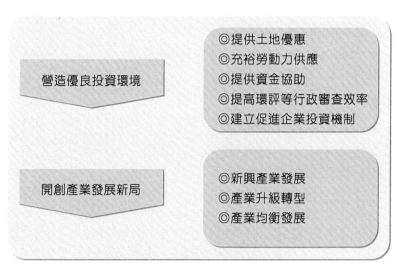

圖 2-2　產業套案兩大旗艦計畫

資料來源：經濟部研究發展委員會，2006/10/4

角度，來協助我國產業的發展，當然更應利用本身的龐大預算資源、組織及人員，積極朝向有利於高科技產業的方向發展，也就是本身應形成一股強大的推進動力。此外，政府也可以擔任民間業者的協調者及媒介的角色，來促成產業界之間、產業界與研究機構之間的合作，以開發新的領域、技術與平台。

表 2-2 　政府政策工具的分類

分類	政策工具	定義	範例
供給面政策	1. 公營事業	指政府所實施與公營事業成立、營運及管理等相關之各項措施	公有事業的創新、發展新興產業、公營事業首倡引進新技術、參與民營企業引進新技術（如工研院）
	2. 科學與技術開發	政府直接或間接鼓勵各項科學與技術發展之作為	
	3. 教育與訓練	指政府針對教育體制及訓練體系之各項政策	一般教育、大學、技職教育、見習計畫、延續和高深教育、再訓練
	4. 資訊服務	政府以直接或間接方式鼓勵技術及市場資訊流通之作為	資訊網路與中心建構、圖書館、顧問與諮詢服務、資料庫、聯絡服務
環境面政策	5. 財務金融	政府直接或間接給予企業之各項財務支援	特許、貸款、補助金、財物分配安排、設備提供、建物或服務、貸款保證、出口信用貸款等

分類	政策工具	定義	範例
環境面政策	6.租稅優惠	政府給予企業各項稅賦上的減免	公司、個人、薪資稅及租稅等扣抵
	7.法規及管制	政府為規範市場秩序之各項措施	專利權、環境和健康規定及禁止獨占等法規
	8.政策性策略	政府基於協助產業發展所制定各項策略性措施	規劃、區域政策、獎勵創新、鼓勵企業合併或聯盟、公共諮詢及輔導
需求面政策	9.政府採購	中央政府及各級地方政府各項採購之規定	中央或地方政府的採購、公營事業之採購、R&D合約研究、原型採購
	10.公共服務	有關解決社會問題之各項服務性措施	健康服務、公共建築物、建設、運輸、電信
	11.貿易管制	指政府各項進出口管制措施	貿易協定、關稅、貨幣調節
	12.海外機構	指政府直接設立或間接協助企業海外設立各種分支機構之作為	海外貿易組織

資料來源：Rothwell R. and Zegveld W., Industrial Innovation and Public Policy, preparing for the 1980s and the 1990s. Frances Pinter, 1981.

表 2-3　我國科技研究發展之執行機構與分工表

研究層次	推動單位	執行單位		
	政府單位	學校及研究機構	財團法人	公民營企業（含科學工業園區）
基礎研究 應用研究	中央研究院 教育部	中央研究院各所 大專院校各系所	國家衛生研究院	公民營企業
技術發展 商業化及 應用	國科會 經濟部 國防部 交通部 農委會 原能會 衛生署 環保署 等	電信所 運輸所 郵政所 建築所 核研所 省農試所 等	工研院 資策會 生技中心、 亞蔬中心 等	

 第四節　如何保護高科技產業

　　有鑑於產業和產品的生命週期有限，新產品很快成為標準化的大宗物資，因此許多開發國家，都不能自滿於過去的成就。同樣地，新興工業國也無法僅依賴低工資，作為永遠的競爭優勢，因為生活水準一旦上升，勞動成本提高，外國投資者立刻會選擇更低廉的工資環境，利用技術

來創新及競爭，作為發展的途徑。換言之，科技必須不斷創新，才是保護高科技產業永續經營之道。

一、強化科技教育

基於科技研發的組織結構，有如金字塔一般，基礎愈寬廣則尖端愈高；易言之，如果頂尖的研究人員，可視為位於科學研究與知識開發金字塔的頂端，那麼一般的社會大眾，就可視為支撐金字塔的重要基礎。所以政府應普遍性地強化科技教育，培植大量科技人才，以供產業使用。

二、智慧財產權

現今專利已成企業競爭的新戰場，有效地掌握專利，已是企業獲利、購併、阻絕對手進入市場的最佳利器。以往智慧財產權的推動，常是美國挾「301」貿易條款的脅迫下，台灣讓步的結果。不過時過境遷，我國的科技產業也到了需要保護的時候，否則，後進者如中國大陸等開發中國家，也會以仿冒、盜版等方式，來侵犯我國的智慧財產權。同時我國產業亦可轉守為攻，透過研發與申請累積專利的方式，創造企業保護與防禦的武器與能量。透過專利法所賦予的排他權，占有市場一席之地，甚至也可與其他廠商（如外商）協商談判、交互授權，從而解決企業之間的專利糾紛，並晉升於國際舞台。

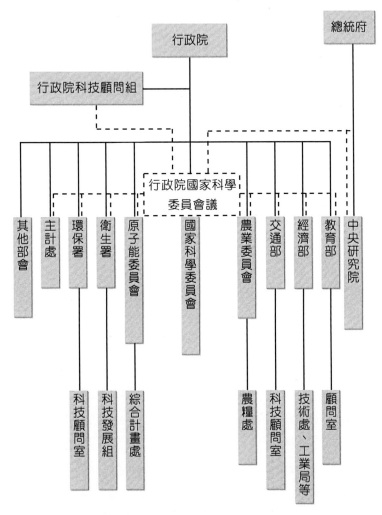

註：虛線部分表示國科會委員會之架構

圖 2-3　我國科技發展組織體系

三、正確的產業政策

以生技產業為例，從 2007 年生技新藥產業發展條例過關後，中華民國在短短 7 年內（2014），就有二十多個新藥，進入三期臨床。太景的奈諾沙星抗生素，已率先取得我國衛福部（TFDA）藥證外，智擎授權美國 Mack 藥廠治療胰臟癌臨床試驗，已獲美國 FDA 通過；基亞用於防止肝癌術後復發；寶齡的治療腎病的新藥，也取得日本藥證。由台大醫院主導全球臨床的新藥，也取得全球第一張肺癌新藥 Afatin ib（妥復克）藥證。高科技產業的發展，與政府的產業政策息息相關。

台灣在高科技產業的發展上，很明智地避開關稅保護的手段，而著重於技術能力的養成。1980 年，政府在新竹設立「科學工業園區」，以租稅優惠的方式，鼓勵國內外的廠商投入高科技產業的發展。無論是技術引進、人才養成或租稅減免等措施，均屬於「生產補貼」的手段。台灣在 1980 年以後，電腦業和半導體業的發展，都是採取相同的模式，不用關稅保護的手段，只用生產補貼的方式，尤其注重技術的引進。在政府補貼下，廠商以外銷市場為目標尋求發展，和傳統的關稅保護所造成的進口替代現象不同。例如在半導體的發展方面，台灣廠商的邏輯元件（具計算、儲存資料功能的元件）則仰賴進口供給，並不加以

取代。如此「開放國內市場,強攻外銷市場」的作法,造成國與國之間,高度的產業內貿易,也獲致相當的成功。

為什麼生產補貼的保護程度,遠較關稅為佳呢?因為以關稅保護高科技產品,有兩項缺點:第一,國內價格變貴了,使高科技產品的應用受到限制,不利於技術的普及。例如國內半導體產品的價格若高,則各種使用半導體的電腦及其他自動化設備,價格也將攀高,自然會影響產業自動化的誘因,不利生產力的提高。第二,國內市場若有關稅保護,競爭壓力自然變小,少數在國內生產的外國廠商沒有競爭壓力,這可能導致生產效率低落,引發不當經濟租的資源浪費,而且只引進二流的生產技術,卻能坐擁暴利,所以沒有太多「外部性」的利益。

中華民國在高科技產業的發展上,很明智地避用關稅保護的手段,著重於技術能力的養成。尤其在 2009 年 7 月 16 日,行政院廢止「促進產業升級條例」,提出「產業創新條例」,政府的產業政策焦點則置於產業創新的輔導與補助、無形資產的流通與運用、產業人才資源的發展、促進產業投資、產業永續發展資金協助、租稅優惠、產業園區的設置與管理、營運總部(以台灣為營運或配銷中心)等。

Chapter 3

半導體產業

　　半導體工業為我國高科技產業發展的成功典範，更是帶動我國經濟持續成長的重要動力。二十餘年來，從技術的引進、生根，到目前全面的蓬勃發展，形成上、中、下游完整的生產體系，並以創造高額的產值與精良的品質，成為全球第三大產國（全球晶圓產能前五名是：日本、美國、台灣、南韓、中國），在全世界半導體產業，占有相當重要的地位。

　　半導體產業有別於一般傳統工業，它是屬於高技術、高資本密集的產業，同時也是屬於低勞動力使用，與低資源損耗程度的產業。由於該產業大量運用先進科技，不但使產品的生命週期愈來愈短，而且所可能產生的製程副產品或副作用（環境污染衝擊），也異於一般傳統產業。再加上進入及退出市場障礙均高，因此產業面臨高度的競爭。

　　一國半導體產業的盛衰，直接關係著電子產業興盛與否，也展現一國科技的實力。發展該產業的主要關鍵，在於：(1)培育與延攬人才；(2)前瞻技術研發能力；(3)新產品開發能力；(4)善用智慧財產權。現在我國的半導體，不僅具有這四方面的要求，而且幾乎占全球市場的20%規模。製造的優勢，使我國能在激烈競爭的國際環境中生存下來。

　　就產業、產品、市場、技術、製造、財務等外顯層面的因素，來評估我國 IC 產業競爭力時，可明顯發現我國半導體產業，從上游的設計、製造，到下游的封裝測試，

已累積相當豐富的智慧財產、管理及整合的能力。根據經濟部一項新興高科技產業，現階段競爭力研究發現，若將製造及技術占有率與其他國家相較，我國只有半導體產業最突出。所以，該產業是維繫台灣經濟命脈，重要的產業之一。

 ## 第一節　半導體產業產品

　　半導體是介於導體（Conductor）與絕緣體（Insulator）之間的材料矽（Si），其產品主要分為：分離式元件與積體電路（IC）等兩大部分。由於 IC（Integrated Circuit，積體電路的簡稱）是半導體的主要產品，幾乎也成為半導體的代名詞。它是將電晶體、二極體、電阻器、電容器等電路元件，聚集在一片矽晶片裡，形成一個完整的邏輯電路，以達成控制、計算或記憶等功能，這個矽晶片就是積體電路。

　　半導體種類繁多，依產品的功能特性，可分為微元件（Micro）、邏輯元件（Logic）、類比元件（Analog）、記憶體（Memory）等四大積體電路（IC）產品，以及分離式（Discrete）元件與光學（Opto-electronics）元件等六大類別。在六大類別的半導體產品中，除記憶體產品因規模經濟效益須集中量產，以及類比元件、分離式元件及光學元

件，製程特殊須特別生產外，其他微控制器及邏輯元件，因產品應用需求少量多樣化特性，遂成為晶圓專工廠主流的代工產品項目。

現將四大積體電路（IC）產品，分為記憶體IC、微元件IC、邏輯元件IC和類比元件IC等四大類，分別說明如下：

一、記憶體 IC 產品

記憶體 IC 分為揮發性記憶體與非揮發性記憶體等兩大類。當電源關掉後，資料會自動消失的記憶體，就稱為揮發性記憶體，如SRAM（靜態隨機存取記憶體）、DRAM（動態隨機存取記憶體）等；若電流關掉後，資料仍可持續保存者，便是非揮發性記憶體，如ROM（唯讀記憶體）、FLASH（快閃記憶體）等。

㈠揮發性記憶體

個人電腦中的記憶體，主要是指 DRAM；SRAM 為快取記憶體。

1. DRAM

DRAM 的需求，主要在於個人電腦的需求量，不過，電視遊樂器、繪圖卡、光碟機、區域網路產品、掃描器、影像壓縮／解壓縮卡、有線電視選視器等多種電子產品，也都需要使用DRAM，只不過用量較小而已。

由於DRAM用量愈來愈多，為避免占用電腦主機板空間，將DRAM插（或黏貼）在一片印刷電路板上，再將此板插在主機板上，而這塊板子稱為記憶體模組。

2. **SRAM**

SRAM用量原本就比DRAM小，隨著DRAM的速度愈來愈快，再加上原來裝在主機板上的第二層快取記憶體（第一層快取記憶體原本就裝在CPU內），近來也被整合進入CPU內，使SRAM在個人電腦市場的用量更少，未來主要的發展潛力，應該是在通訊市場。

㈡非揮發性記憶體

在非揮發性記憶體中，FLASH具有使用的方便性，已逐漸取代 EPROM 及 EEPROM，成為最有成長潛力的非揮發性記憶體。將 FLASH 加上控制器，就組成矽碟機（SSD），其功能類似磁碟機，體積如名片般大小，具省電、讀寫快速及耐震等優點，適合筆記型電腦的使用。尤其是要求用電量小的手提式或掌上型電子產品，因無法持續通電，最適宜用 FLASH 作為記憶裝置。因此在這輕薄短小的發展趨勢下，數位相機及通訊產品（大哥大）用量大幅成長，都使得快閃記憶體深具成長潛力。

二、微元件 IC

微元件的積體電路中，以微處理器（MPU）最為重

要，用途也相當廣泛。電腦裡的心臟 CPU，就是 MPU 的一種。目前是主宰個人電腦發展中，最重要的元件。隨著 3D 時代的來臨，微元件 IC 中的數位訊號處理器（DSP），未來發展空間就顯得相當大。DSP 擅長於處理數位及線性混和訊號，對於聲音和影像資料的處理，尤具效果；CPU 是以複雜的邏輯計算能力見長，在處理數字或文字資料的速度，特別迅速。

早期的個人電腦作業，以數字及文字為重點，但 CPU 進入電腦化時代後，3D 影像的圖形處理能力，以及聲音、影像等多媒體資料的處理速度，更為快速，因此也就成為發展的焦點。

三、邏輯元件 IC（Logic）

在邏輯 IC 中，系統核心的邏輯晶片組，就是一般所說的晶片組。邏輯元件是國內前三大積體電路設計公司（矽統、威盛、揚智），主力的營運產品。其他輸入、輸出控制晶片，是用於控制電腦周邊設備的積體電路，聯電、華邦及美商 SMC 是全球最主要的供應者。特殊應用 IC（ASIC）是指針對客戶需要的用途，而特殊設計的 IC，是我國早年的主力產品，至今仍有其重要性。

四、類比元件 IC

類比 IC 主要是用於通訊產品或視訊產品上。隨著網

路普及與資訊家電的風潮，尤其是通訊市場的潛力，使得
微元件 IC 與邏輯 IC 產品的比重，大幅增加。

表 3-1　IC 產品分類

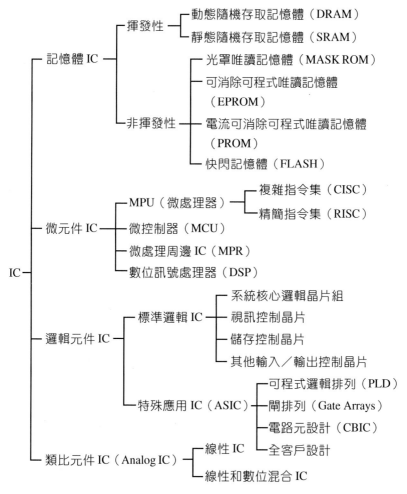

資料來源：工研院電子所

表 3-2　半導體產業領域範圍表

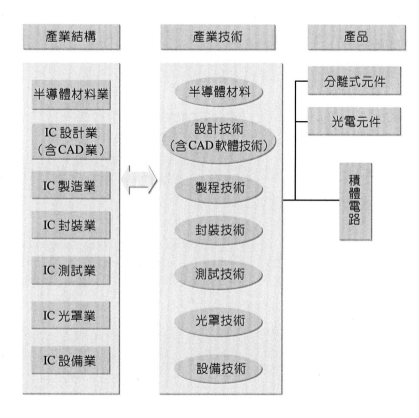

第二節　半導體特性

　　半導體產業的上、下游，依序可分為 IC 設計業、IC 晶圓製造、IC 測試及封裝業，以及 3C 電子產品組裝業。目前半導體產業國際化程度相當深，從上游設計到下游的封裝、測試，每個階段皆能獨立作業，也都可以根據比較利益，來尋求全球最適當的生產基地與資源，以提高國際市場的競爭力。下列將半導體六點特性，分述如下：

一、資本密集

　　就建廠設備的投資而言，建構一座晶圓廠的費用，從 80 年代的 1,000 萬美金，到 90 年代中的 10 億美元以上。1970 年至 1995 年興建晶圓廠的費用，每年約以 15%的速度增加，及至 2000 年，一座月產能 25,000 片的 8 吋晶圓廠，須投資 16 億美元以上；月產能 25,000 片的 12 吋廠，則須投資 25 億美元以上。在技術研發方面，8 吋廠 0.35μm 的製程，研發成本 1 億美元；12 吋廠 0.1μm 製程，研發成本約 3 億美元。這樣龐大的金額，所形成的進入障礙，絕非一般企業所能及，故其固定資產投資的比率，遠比一般的產業高。

　　半導體資本密集的特性，有其特殊之處：第一是產業

投入的固定成本極高，所以產品的生產，須達一定程度的經濟規模，並且於每一世代產品的生命週期內，期望增加最多的產出，才能快速地降低單位固定成本，以提高企業的利潤，因此，每一座半導體晶圓廠建廠完成後，廠商無不希望儘量提高產能利用率。第二個特性是，建廠規模浩大且耗時較久，建廠時間除了建築物本身外，主要在於昂貴的機器設備裝機過程，因此晶圓廠的投資效益，並非可以立即顯現，是屬於極費時的資本遞延效應。

二、高風險

晶圓廠的每片晶圓成本的下降速度是穩定的，依每一世代為 6 吋、8 吋或是 12 吋而不同，但相對的，在銷售面的電子產品之價格變動，卻相當地激烈。因此，廠商生產成本若是無法快速下降，一旦面臨景氣的急遽波動，將造成營收與獲利極高的不確定性。歸納半導體景氣循環原則，在過去 50 年，全球半導體產業共經過七次不景氣，分別發生於 1970 年、1975 年、1980 年、1985 年、1990 年、1995 年以及 2000 年。其中至少有四到五次，是因「供給過剩」及「需求下滑」，所共同造成的結果。有鑑於IC製造業者投資金額大，且有景氣大好大壞的高風險，只有政府政策的全力支援，才有可能快速發展起來。從台灣半導體業的發展史來看，政府運用租稅優惠（土地免租金、免

稅優惠），並投入大量資金和優秀人才，致力於研發工作，成功地造就台灣成為全世界第三大資訊國、第四大半導體生產國，以及晶圓代工王國的美譽。

三、產品生命週期很短

市場競爭激烈，IC產品的生命週期也縮短，以晶片組為例，平均只有6至9個月的壽命。若一家公司未能及時推出新產品，那麼公司產品將很快被市場所淘汰。因此產品愈早推出，就愈能搶占市場、回收投資。所以，在整個產業的發展考量中，除了成本還是成本。

四、技術密集

自從1947年電晶體發明以來，整個半導體產業的製造技術革新，遠高於其他產業。主宰半導體製造三十多年的「摩爾定律」，表示半導體在製程技術及設備方面，將不斷地進步更新。

IC構裝方面是朝向薄型化、高密度、多角化、微細化發展，且構裝設備須不斷配合新製程更新。在此趨勢下，未來半導體設備，必然要配合IC毫微米製程，及12吋以上晶圓的需求來發展。

五、競爭激烈

IC 產業是高度全球化競爭的產業，並沒有太大的國界、疆界區分。目前半導體製程技術快速推進，高設備汰換率，若投入初期即遇不景氣，購買的設備 12 至 18 個月後就不具競爭力。設若新廠運轉初期就遇到不景氣，且無後續資金投入更新設備及技術，如此便可能會被淘汰。以一座月產 2.5 萬片的 8 吋晶圓廠，從動土到裝機、試產、滿載，至少需要耗時 3 至 4 年，投入 300 億元。若產能滿載，水準產值約為 150 億，營業純利約 30 億。不過當產能利用率下滑至 65% 便會虧錢，若只有 50% 的產業利用率，結果每年將虧 25 億元。

六、產品應用廣泛

半導體是電子產品的重要零組件，具多功能及低成本的特色。目前主要廣泛應用的領域，包括資訊、通訊、消費性等電子產品。在 1999 年之前，半導體明顯的是以 PC 下游為主要應用的主軸。不過在進入新世紀後，隨著網際網路的開放愈趨成熟，電腦結合通訊網路所開創的「典範移轉」，正在數位新經濟的時代中，成為半導體業者經營的新主流。

　　除了上面六種半導體特性之外，摩爾定律（Moore's Law）更說明了半導體技術與成本等兩項變數的關係。在 1965 年英特爾公司名譽董事長摩爾（Gordon Moore），就提出了「摩爾定律」。這個定律指出每隔一年半，IC內部元件的集積度可提高一倍（同樣面積的晶圓下，生產同樣規格的IC），成本卻降低五成。也因此，IC的行情長期以來呈現大幅下跌的趨勢。該定律說明了晶片和電腦的功能愈來愈強大，但價格卻日益低廉。

　　實際上，在 1977 年每百萬位元（M）DRAM 行情約 1,000 美元，但 1999 年就跌到 0.2 美元以下，在短短 22 年內，產品行情就大跌到六千分之一以下。2001 年以來，每顆成本約 3.5 美元的 128Mb DRAM，現貨價已跌到 1.6 美元以下，64Mb 跌到 0.8 美元以下，每百萬位元（M）DRAM 只剩下 0.014 美元，這個價格是 2000 年 7 月的十分之一。這種跌價的快速，實非其他產業所能想像。

 第三節　我國半導體產業特質與發展

　　我國雖是IC產業的後進國家，但技術追趕相當快速。目前上游的 IC 設計產業，規模是全球第二；中游的晶圓

代工，幾乎也獨步全球；下游的封裝測試，完整的產業供應鏈，使得台灣的半導體產業，具有強大的競爭力。

我國半導體產業多採垂直分工，主因是國內電子產品組裝業的需求，進而帶動 IC 設計業的需求，以及推動 IC 晶圓製造業的發展。發展的結果，形成密集完整的產業供應鏈，又集中資源於單一產業領域的特殊分工現象。目前這種產業群聚效益，除美、日之外，為其他國家所沒有的。這也是台灣半導體業，迴異於國外大廠上、下游一元化的 IDM（Integrated Device Manufacturer）經營管理方式。所以中華民國半導體產業的特色是，高效率的專業分工、完整的產業群聚、豐富的管理經驗、優越的數位設計技術、CMOS 製程能力。

我國半導體產業歷經三十多年的發展，在全世界半導體產業中，占有舉足輕重的重要地位。該產業歷經民國 60 年代的萌芽、70 年代的成長、80 年代的茁壯，進入 90 年代的興盛階段。

台灣的 IC 產業發展歷程，大致可概分為四個時期：

一、萌芽時期（1966 年至 1974 年）

台灣半導體產業最初發展，可追溯至交通大學成立半導體實驗室，培養出產業基礎人才，緊接著在 1966 年 GI（General Instrument Inc.）在高雄設廠，裝配生產半導體。

爾後，美商通用、德州儀器、飛利浦建元電子等在台設廠，因而奠定封裝業的根基。

二、技術引進期（1974 年至 1979 年）

這個階段我國逐漸朝技術密集方向轉型，分別有電子工業研究中心、美國 RCA、IMR 公司，將國外技術引進來。更重要的是，李國鼎先生等人獲行政院長孫運璿大力推動科技發展方案，建構產業群聚的新竹科學園區，成為推動我國產業突飛猛進的關鍵。

三、技術自立和擴散期（1979 年至 2001 年）

1980 年工業技術研究院電子所，衍生成立第一家 IC 製造公司（聯華電子），七年後，電子所誕生第二個IC衍生公司（台灣積體電路公司），逐漸帶動台灣 IC 產業發展。這個階段，我國半導體產業的特色在於垂直分工產業結構逐漸地形成，並顛覆以往一家公司從設計、製程、封裝、測試一手包辦的傳統經營型態。

四、整合期（2001 年至今）

為了整合政府與民間資源，尋求最高效益，經濟部特地成立專責機構：半導體產業推動辦公室（SIPO, Semiconductor Industry Promotion Office），以協調各部門的資源，

提供單一窗口服務，厚植該產業實力，以確保我國經濟的永續成長。經濟部更促成台積電、聯電、日月光與矽品等四家公司，共同訂定電子商務的標準，整合半導體製造業的B2B作業，推動國內半導體，與國際市場接軌的共通標準。

 ## 第四節　IC 製造流程

　　IC 的製造流程，首先是完成 IC 設計，然後再按照預定的晶片製造步驟，將 IC 的電路布局圖，轉製於平坦的玻璃表面上，這塊玻璃就是光罩。以照相為例，光罩與IC的關係正如底片與相片，故光罩就如同製造 IC 的模具。IC光罩完成後，再運用微影成像的技術，以光阻劑等化學品為材料，將光罩上極細的線路圖，一層層複製在矽晶圓上，然後再運用硝酸等化學品清洗、蝕刻，如此就完成晶圓的製造。此處所指的「晶圓」，乃是指矽半導體積體電路製作所用之矽晶片，由於其形狀為圓形，故稱為晶圓。

　　完成晶圓製造後，接下來是測試晶圓。它的主要步驟是，將合格的晶片，自晶圓上切割下來，接著再進行封裝（通常是以金線連接晶片與導線架的線路，再以絕緣的塑膠或陶瓷外殼封裝）、測試，如此就完成了IC的製造（如表3-3）。

表 3-3　IC 的製造流程表

順序	0	1	2	3	4	5	6	7	8
半導體主要流程	晶圓廠建廠	晶圓製造	IC 製造				IC 封裝及測試		
半導體流程說明	規劃建造試運轉正式運作	單結晶成長切斷研磨	氧化	CVD	微影	離子植入	打線封裝	測試	出貨

　　儘管半導體產業大致可分為設計、代工及封裝測試等三大領域，但半導體產業已朝「整合」的方向發展。由於製程技術的精進，電路元件愈做愈小，使 IC 成本愈來愈低，摩爾定律就是最佳的寫照。

一、設計

　　IC設計業是高附加價值、低污染的產業，也是知識密集型的產業。我國廠商在消費性產品、資訊產品及通訊產品的IC設計，已具備基礎與競爭力。晶圓代工（Foundry）產業的崛起，帶動了整個半導體產業生態的轉變，也促進了 IC 設計產業的興起。

　　半導體業的製造流程，始自 IC 設計；而負責 IC 設計的單位，有IC設計公司（無晶圓廠，Fabless）及整合元件製造廠（Integrated Device Manufacturer，IDM廠，從設計、

製造、封裝測試到銷售都一手包辦）的 IC 設計部門。隨著 IC 設計面的應用愈來愈廣，當前 IC 的應用範圍，已從傳統的消費性電子產品、PC 逐漸擴大到無線通訊、網際網路、IA（資訊家電）等新興領域。IC設計業在國內，已逐漸生根茁壯，從消費性 IC、微控制 IC、記憶體 IC、電腦周邊 IC、通訊 IC、視訊 IC、監視器 IC、網路 IC 到晶片組等，範圍相當廣泛。

我國 IC 設計產業，為配合產品逐步走向輕薄短小的趨勢，設計業者也開始從單一功能的需求設計，開始朝向整合各類IC 在同一晶片的設計，系統單晶片（System on a Chip, SoC）也因此應運而生。

整合設計興起的主要原因，來自於人們對電子產品的需求不斷快速地增加，各種手機、數位相機、筆記型電腦等裝置，需要強大的運算、通訊能力，已非簡單的電子零件可負荷。為縮短產品出貨的上市時間（Time to Market）、節省晶片作業時的電源消耗，並提高晶片製造的成本效益，同時配合晶片製程上的進步，提升整體 IC 設計工作的生產力，也促成輕薄短小的應用產品問世，來滿足終端消費者的需求。系統單晶片設計與典型的 IC 設計方式，最大的不同，在於典型的 IC 設計，只須考量到單一 IC 所應具備的功能與規格。一個完整的系統單晶片設計，除了確定晶片規格之外，還必須考慮到該晶片上的軟硬體設計

需求，以及在該晶片上為執行不同的功能，所進行的電路
布局、整體晶片的電源消耗、散熱等問題[1]。

二、製造

半導體產業的製造方面，主要分為晶圓代工及動態隨
機儲存記憶體（Dynamic RAM, DRAM）的製造。「晶圓」
的製造是整個電子資訊產業中最上游的部分，「晶圓」產
業的發展優劣，直接影響半導體工業，也可從中觀察出整
個資訊產業的發展趨勢。

1. DRAM：DRAM 產業的價格，主要取決於供需，呈現
明顯的景氣循環（循環週期長達 4、5 年）。決定景氣
的因素，涵蓋三方面的變數：製程技術的變遷速度、
產品的生命週期、資金的累積等因素。

就企業的長期經營觀點而言，我國的 DRAM 產業，由
於本身缺乏產品創新及自主性，加上高額投資所冒風
險大，未來的不確定性相當高，比較之下，晶圓代工
利潤較穩固，顯然更適於我國業者的發展。

1　系統單晶片組成的條件，包括：(1)Portable/reusable IP；(2)嵌入式
處理器（Embedded CPU）；(3)嵌入式記憶體（Embedded Memory）；(4)介面（如 USB、PCI、Ethernet）；(5)軟體（包括 off/on-chip）；(6)混合訊號區塊（Mixed-signal Blocks）；(7)可編程元件
（如 FPGAs）；(8)>500K gates；(9)製程技術在 0.25μm 以下。

表 3-4　DRAM 產品的型態

產品型態	功能
標準型 DRAM	支援電腦中微處理器運算之短期大量存取記憶體
特殊型 DRAM	繪圖或視訊相關之高速高寬頻應用
嵌入式 DRAM	與邏輯線路整合，形成小體積、高速、低耗電量之積體電路，為系統整合之前導

2. 在半導體產業中，晶圓代工是量大且獲利較為穩定的產業，同時也是我國 IC 產業中，最具特色的一環。就長期趨勢而言，未來 10 年晶圓代工業，仍將是半導體的主流產業。最主要是因為我國資訊下游產業發達，代工業在品質、成本、服務、彈性生產技術，擁有絕對競爭優勢，所以才能使我國的晶圓代工，在世界半導體工業中獨樹一幟。

全球從事晶圓代工業務的工廠很多，可區分為專業代工廠與整合元件製造廠（IDM; Integrated Device Manufacturer）兼營代工兩類。IDM 公司係以自有產品生產為主，但大部分 IDM 廠為了提高產能利用率，會使用剩餘產能從事晶圓代工服務。IDM 廠吸引客戶的主要因素是，憑藉其優越的設計能力、智慧產權（IP; Intellectual Property）或特殊製程技術的條件，因而獲得晶圓代工訂單。

一、晶圓代工服務的客戶

　　客戶大致可分為三類：第一類是本身不具有晶圓廠（Fab）的積體電路（IC）設計公司（Fabless）；第二類是整合元件製造公司；第三類是系統業者（System Company）。茲分述如下：

1. IC 設計：IC 設計的公司，以設計開發 IC 產品為主要業務，本身沒有晶圓廠，但多數業者也以自有品牌進行銷售，於是便必須將其所設計的 IC 交由晶圓代工廠代為生產。

2. 整合元件製造公司：公司本身擁有晶圓廠，並以設計、生產、銷售自有品牌 IC 為主要業務，如華邦、旺宏等國內公司及 Intel、NEC、IBM 等國外大廠，他們因為擁有自己的晶圓廠，而且大多又具備有相當不錯的產品設計、生產製造能力，不過因近年來的巨額虧損，導致許多家大廠紛紛關閉舊廠，改採產能外包的策略，釋出大量訂單，致台灣兩大代工廠，均能維持高產能。

3. 系統業者主要包括個人電腦、周邊系統、各種附加卡等產品的資訊電子業者，或是有線及無線通訊產品的生產業者，以及一般消費性電子如電視、音響、電動玩具等的生產廠家。這些業者生產電子產品內所使用

的 IC，可能是自行設計，或委託 IC 設計公司代為設計、開發，再交由晶圓代工業者來生產。

二、晶圓代工的經營策略，成功關鍵因素（Key Success Factor）有五方面的要求

㈠品質

品質為長期驗證的結果，具有高度進入障礙。晶圓代工的品質，直接影響客戶產品價值，其指標為良率、可靠度。晶圓上的缺陷，會導致晶片功能受損或整個失效，因此若能降低每平方公分上的缺陷密度，即可增加晶粒產出的品質與良率，同時也會降低生產成本。

㈡服務

秉持「客戶即夥伴」的理念，並做到低訂貨週期、準確交貨、零缺點後勤。

㈢產能

晶圓代工公司必須持續建廠，以提供最新的製程技術，來滿足客戶成長所需的產能。

㈣建立品牌

台灣半導體製造業應建立具有我國特色的品牌地位，樹立消費者心中形象（品牌即品質保證），以提升台灣半導體產業地位。

㈤技術

晶圓製造的製程技術，不斷翻新與突破，分工愈趨細密，技術愈趨複雜，製程技術的開發，成本也因而快速上升。業者必須領先推出高元件、高集積度、低成本製程技術，才有大幅獲利的可能。所以我國晶圓代工的業者，必須從製造技術接收者的角色，轉為製程技術的提供者。

三、封裝、測試

封裝測試業在整個半導體產業的價值鏈中，具有人力與資金需求高、技術門檻較低的特性。目前台灣的封裝業，封裝型態朝高頻、輕薄短小、可攜式方向發展，雖有一些新興封裝技術的需求，但帶動營收的力道，仍為上游的晶圓廠的產能利用率。就測試業而言，因為 IC 朝向高速、多元化的複雜功能發展，測試的研發與設備資本支出會大幅提高，需要技術上的突破，以降低測試費用。

隨著元件設計與功能日趨複雜，因此測試及封裝，需要更先進的技術。現階段國內封測產業，前段測試的主要內容，包含：(1)測試：透過T1（常溫測試）、T2（低溫測試）、T3（高溫測試），以篩選品質不符合的產品；(2)預燒（Burn-in）：加速產品老化至平穩期，提早發現品質不穩定的晶片；(3)以抽樣統計的技術，來確認測試後的產品品質。至於後段測試的主要內容，則包含蓋印（Topside）、

外觀檢驗（Inspection）、包裝（Packing），依其測試的晶片等級，加以分類蓋印與檢驗、包裝。

　　測試廠是幫客戶做品質把關的工作，在測試過程中，若發生產品良率低於客戶要求標準時，會被工程單位停滯（Hold），以便由工程單位進一步做產品問題分析，而且會持續到確認問題後，才會繼續進行下一個測試製程。若因品質被判定不可接受時，會將該批產品留置在製程中，而另外去進行特殊測試流程（SWR），來分析品質上的問題，有時甚至會被工程單位判定需重新測試（Rework）該批產品。但無論前段晶圓製造廠、封裝廠製程是多麼不穩定，任何產生壓縮訂單前置時間、測試無效所產生停滯（Hold）、迴流性製程及訂單到貨日等，不確定的問題，半導體測試業都必須完成對客戶交期的承諾，這也就增加了 IC 測試廠生產排程的複雜度。所以，如何提高機器產能、機器的使用率、高度的服務品質，便是該產業成功的關鍵要素。

第五節　我國半導體產業優勢與威脅

從半導體產業的架構來看，我國的半導體產業的確有

別於其他先進國家。我國半導體產業有優勢，但也有威
脅，如何善用優勢，去化解劣勢，是極為關鍵的要點。因
此，了解產業優勢與劣勢，是先決條件。

一、產業優勢

台灣半導體產業群聚效應已逐漸展現，此外我國半導
體產業，尚有五點重要的優勢。

(一)成本

台灣的半導體產業，最大的競爭優勢，在於經營階層
的靈活彈性與成本控制力。成本的控制，主要在製造過程
中，不斷提高產品的良率度。良率愈高就代表利潤愈佳，
與其他歐美國家競爭對手比較，在相同的製程裡，我國產
品良率，明顯高於全球其他競爭者。

(二)人才

降低半導體成本最快的方法，即是增加晶圓面積，使
得單片晶圓，可以切割出的晶粒數目增加，化學品與消耗
品的用量可減少，而昂貴的光罩與設備的損耗率也可降
低。要達到這個目標，人才是不可或缺之道。由於國內高
等理工教育普及，復又因國內 IC 工業已具備國際競爭力
及獲利頗豐、地位受重視的情形下，因此能吸引更多優秀
人才投入，有助提升該產業的國際競爭力。

㈢**資金**

　　雖然新廠投資金額日益龐大，不過在前景看好的狀況下，仍有大廠前仆後繼。

㈣**支援產業**

　　我國半導體產業具高度分工的專業體系，地理群聚效果顯著，可在最短時間內，集中上下游資源，投注於本身所熟悉的領域。

㈤**政府政策**

　　政府持續地政策支持與賦稅優惠，營造很好的產業環境。

二、產業威脅

㈠需求變化：台灣的電子產業，主要以承接國際大廠的委外訂單為主，一旦遇到競爭對手以更低價搶單，或市場需求萎縮，獲利立刻就被壓縮。目前大陸半導體業急起直追，已出現不少效應，譬如低價搶單等，這些都會影響到我國半導體產業。

㈡中國大陸興起：在全球半導體產業逐漸轉移至亞洲的大趨勢下，中國已經成為全球最大的新興半導體市場，和低成本的生產基地。國際半導體大廠向中國投資，以降低半導體生產過程中的廠房、設備、勞工及原物料的成

本，生產製造基地轉移的趨勢，更愈加難以阻擋。目前全球前十大半導體大廠，如：Intel、Samsung、TI、Toshiba、STMicroelectronics、Infineon、Renesas、TSMC、Sony、Philips，幾乎均已在中國進行投資布局。因此未來中國大陸的半導體產業，肯定將是我國重要的勁敵。

㈢關鍵技術薄弱：封裝技術的演進，往往是為了符合終端系統產品的需求，由於系統產品複雜與小體積的趨勢，封裝未來勢必面對更多元件，或不同領域之間的整合問題，包括生醫（物）、光學、MEMS……。而這些來自終端系統產品的需求，也會驅使新的封裝技術，因此，關鍵技術扮演產業是否能成長的角色。除製程及封裝能力外，我國半導體產業無法掌握關鍵技術及產品發展趨勢，尤其是尖端產品設計、研發技術十分薄弱，又欠缺專利談判籌碼，智財權問題已日漸顯現中。

㈣材料依賴度高：晶圓代工主要原料為矽晶圓，國內晶圓廠所需矽晶圓材料，絕大部分仰賴進口，也就是在結構上已經受制於人。其中日本占 73.8%；其次北美占 17.8%；西歐占 8.1%。

㈤公司實力不足：我國大多數公司規模小，缺少經濟規模，風險承擔力弱。縱使是大公司，在行銷、通路方面，以及國際化等經營實力方面，仍嫌不足。

㈥人力資源／前端高階研發人才不足，後端的封裝、測試

業人力資源短缺，運用外勞比例過高。

㈦半導體產業污染：2013 年明光對高雄水資源的污染，這是半導體產業對環境所造成的衝擊。最明顯的污染，包括了水污染、空氣污染、廢棄物處置問題、有毒化學物質排放及水資源消耗問題等等。相較於傳統的產業，其特殊部分的污染，事實上更為複雜且難以處理，往往單一製程卻有多項的環境衝擊效果，更甚者，因其產業性質具關聯性，往往由於產業垂直性的分工，廠商多設廠於同一區域，如工業園區，在環境污染的處置上更形複雜，使得環保工作的推動，困難度更高。

 ## 第六節　因應戰略

一、以設計為中心

　　IC設計產業具有知識經濟的特色，且未來成長性高，將是我國經濟的主流。若能建構以 IC 設計為核心發展的產業結構，發揮在數位設計技術和 CMOS 製程能力的優勢，加強高頻、無線通訊、類比設計能力，以及系統人才，進而結合產學方面的能力，共同建立 IC 設計平台，提供完整IC 設計資源，供 IC 設計業使用。如此必能提高IC設計業生產能力與效率，並可吸引全球設計公司使用台灣 IC 方面的智慧財產。如此，不但可使台灣成為全球 IC

的設計中心，更可發揮產業關聯的效果，以提升晶圓代工產能及供應系統廠商 IC，促進產業升級。

二、加速研發與技術合作

　　以半導體的前端而言，我國設計業者向以數位相關的資訊 IC 設計見長，但對類比、RF 和系統等技術設計人才，至今仍相當缺乏。這可藉聯盟、技術移轉、併購等方式，投入系統單晶片的發展。不過國內在系統單晶片環境的發展和技術先進國家相比，仍屬落後階段。未來台灣 IC 設計業者，勢必投入更多研發資源，或外求先進技術，轉進更高利潤的新市場或新產品開發。這樣的道理，同樣適用在半導體中端的 DRAM，因為每個記憶單位價格，每年就下降 30%～35%，不研發幾乎就沒有永續經營的空間。

三、強化創新

　　近年我國的設計業者，加緊研發系統單晶片產品，舉凡目前的 CPU、網路晶片、PC 晶片組或嵌入式記憶體晶片等，均已看到晶片整合的趨勢。整體而言，以台灣的 IC 設計環境而言，過去向以資訊 IC 技術發展最為成熟，業者研發的產品，差異化程度多半不高。因此，無論就產品、技術、人才培育或應用市場方面而言，加強創新能力，均是台灣業者持續努力的方向。

四、重視客戶需求

半導體測試產業技術逐漸成熟，競爭壓力升高，各半導體測試廠除了要提升自身的競爭優勢外，能否準時交貨、及時上市（Time-to-Market），亦是重要且不容忽視的主題。

五、策略聯盟

策略聯盟之基本目的，主要在增強企業本身的競爭優勢，或尋求競爭性平衡。這項優勢可再細分為：效率導向（如分擔成本、風險）、競爭導向（強化現有策略地位）與策略導向（擴大既存策略地位）等三大類。由於半導體產業投入資本龐大、產品生命週期短、市場變化快，因此為降低經營風險，可以用技術合作的方式，進行國際策略聯盟。在聯盟中，雙方各自貢獻在研發、製造或行銷上的專長，聯合出擊，爭取整體的競爭利益。所以策略聯盟的整合能力，其優點有：⑴充分掌握零組件供應體系；⑵共同分擔新技術開發的龐大經費；⑶將半導體設備之產品與服務，納入整體的系統。

六、與國外大廠分工

爭取國外先進技術，增加國際消費市場的占有率，國

內 IC 產業可採與國外大廠分工的策略，以提升國內 IC 產業的國際競爭力。

七、善用各地區資源

　　就半導體產業發展眼光來看，台灣在資訊 IC 方面的技術，已奠定不錯的基礎。若能以此為根基，發揮「虛擬整合」管理能力，在全球化區域分工的潮流及趨勢中，採取台灣接單、全球化生產的經營模式，善用全球各地區具比較利益的資源，以提升競爭力、擴大利基。例如大陸目前仍停留在技術層次，較低階的消費性電子產品相關設計。因此，台灣可憑藉較佳的數位設計技術，和系統整合優勢，與大陸發展出上、下游互補關係的專業分工方式，將低階產品設計交由大陸進行。至於台灣就轉往更高附加價值產品及系統技術開發，形成兩岸分工。

八、吸取他國發展經驗

　　「他山之石，可以攻錯」，日本半導體本土設備工業，曾以逆向工程（Reverse Engineering）的方式，快速發展其半導體產業。它是透過向美國購買美製最先進的設備，即尚未經過 β-Site 測試的雛型機，再拆裝分解研究。以此為基礎，研究人員再努力改善此雛型機，使成為更先進的製程設備。這個戰略的主要目的，就是要免除從頭摸

索的時間，以達快速提升國家半導體的競爭力。

九、選擇具比較利益的生產基地

後進晶圓代工業者對<u>台灣</u>業者的威脅，還是在於價格競爭。因此，台灣除持續往 12 吋廠和高階製程技術投資，藉以拉大與後進者的差距外，也應積極拓展勞動力低廉且教育普及的市場。就長遠看來，我國專業晶圓代工廠，赴這些地區投資卡位，已是必然的趨勢。

十、擴展市場

<u>台灣</u>設計業者可藉優勢的設計技術，爭取和其他地區的系統業者合作訂立規格，並進行開發數位消費性電子產品；另一方面，台灣則可陸續將低階設計釋出，利用高低階分工，善用全球各地軟體和複雜度低的後段設計服務人才資源，<u>台灣</u>則可將有限資源，集中在高階方面的設計。

十一、垂直分工

垂直分工策略可有效率地整合上、下游供應鏈，增加製造生產上的靈活性，以因應市場多元化需求。此時，我國已擁有完整且獨特的上、下游廠商供應鏈，故能在國際間立足。

十二、有效運用資金調度

此外，企業運用國內外健全、活躍的籌集資金市場，有效運用資金調度，如此可使IC廠商易於取得高額資金，增加整體 IC 產業的規模與國際競爭優勢。

十三、強化危機管理

景氣變化或外環境所出現的變局，產業都必須具備危機管理的能力，才能提高需求減少之際的存活率。以下列出晶圓廠的危機處理措施，以供參考。

表 3-5　晶圓廠的危機處理措施

廠商	因應措施
MICRON	美國 0.15μm 廠、義大利 0.18μm 廠停產，生產線員工輪休
東芝	停止生產 DRAM，將 DRAM 部門與 Infineon 合併
NEC	員工暫時休假，與日立 DRAM 部門成立新公司——Elpida
Hynix	切割公司部門並銷售來償還貸款，與美光洽談合併事宜
華邦	停建 12 吋廠，轉向特殊型 DRAM 與生產 FLASH，淡出標準型 DRAM
茂德	持續推動 12 吋廠，製程微縮至 0.14μm，年底試產 0.11μm
力晶	降低 DRAM 營收比重，積極轉型投入代工
世界先進	公司決定 2002 年下半年停產 DRAM，轉型晶圓代工
南科	年底將製程推進至 0.14μm，增加 DDR 生產比重

Chapter 4

生物技術產業

　　生物技術產業是二十一世紀，革新的、劃時代的技術產業，從早期在實驗室中，抽取微生物遺傳物質進行基因選殖、複製細胞工程，至今已實質進入基因治療及幹細胞等與疾病醫療相關應用，因此產業的潛力，是無可限量的。這種新興產業非常複雜，既屬於高資本、高風險、高技術密集、高附加價值的知識型產業，同時又是一項高度國際化的產業。尤其自「威而剛」的魅力席捲全球之後，生物技術產業已成為全球家喻戶曉的明星產業。

　　事實上，生物科學的技術產品自古以來就有，如傳統的醬油、酒類、麵包、酸酪乳，二十世紀以後興起的發酵工業都包括在內。近代的生物技術，源自於 60 年代的分子生物學，不過「生物技術」這個名詞，是 1970 年代美國華爾街股票市場所新創出來的名詞。它的原始意義是指利用生物（動物、植物及微生物）的機能，來生產人類有用產品的科學技術，以及由生物技術衍生出來的產業，就可以稱為生物產業或生技產業。

　　二十世紀中葉生物技術的發展，可謂一日千里。該產業是繼電子產業之後，對人類生活福祉的影響正逐漸加劇的重要產業。它應用的範圍很廣，如醫藥品、化學品、食品、能源、農業等，都涵蓋在內。

　　2001 年 3 月，人類基因解碼完成，這項成就使全球生物科技產業的發展，進入所謂的「後基因體時代」。全球

醫藥品的開發，也在人類基因體密碼公開的基礎上，使得
新藥品上市速度及數目急劇成長，因而引爆全球生物科技
發展的熱潮。所以人類在歷經農業文明、工業文明、資訊
文明之後，現在已逐步邁入了以生命、健康、環境、生存
為主題的「生物經濟」時代。

　　整體而言，生技產業已不再為生命科學所專斷，而是
與各種高科技產業技術，如電子、資訊、材料、電腦、通
訊、機械等整合，所創造出革命性的生技產業，如生物資
訊、組合化學、高速篩選、醫療器材、人工器官、生物晶
片等。目前我國政府已將生技產業，列為兩兆雙星的重點
發展計畫。

 # 第一節　生物技術產業特性

　　「生物技術」一詞是譯自於英文的 "Biotechnology"，
其緣於 Bio-（生命、生物）及 Technology（技術）。凡是
利用生物系統、生物體或其代謝物質來製造產品，並改進
人類生活品質的方法，均可稱為生物技術。它是涵蓋微生
物學、動物學、植物學、細胞學、化學、物理學，以及工
程學的科學組合體。

　　生物技術產業有著與光電和半導體產業，完全不同的
產業特性，它的產品開發時程長、研發金額大、不確定性

高，以及產品生命週期長。除此之外，生物技術產業具有其特殊性：原料以再生性資源為主、所需能量較少、污染程度低、需要高級人力資源、產品附加價值高、應用範圍廣、產業具高度管制、高風險、商品化認證耗時、行銷國際化、進入障礙高、投資龐大、投資回收期長、品質及法規管制嚴格、產品開發須符合國際標準（專利、法規）、產業結構複雜、價值鏈長、分工專業深、以研發為導向，無形資產價值高。總合這些產業的特性來看，生物技術產業的確相當複雜，而有必要做進一步的陳述。

下列將生物技術產業的主要特性，分別敘述如下：

一、以再生性資源為主的原料

生物技術所使用的原料，大部分可以經由生物系統再生合成。而對於一般來自非再生資源的產品，也可以利用生物技術改進製程，提供新的製造方法。

二、跨領域整合

生物技術（或稱傳統生物技術）需要各領域的專家學者合作，才有成功的可能。舉一個簡單的例子，生物晶片科技，可同時檢驗成千上萬種基因，但是它須結合電子半導體精密製程技術與生物醫學科技，才能產製微小化、快速、平行處理之生物及醫療用元件。又如，一個基因預測

與「過敏」有關，改變這基因（突變、修飾或去除）的老鼠，不見得會有症候或疾病的表現，也許需要有「過敏原」的刺激，其引發的生化現象或疾病及其預防、治療，則須免疫、血清、生物化學、分子生物學、胸腔、病理、藥理與藥學專家的參與，而不是單一學科知識所能獨力負擔。

三、高技術密集

生技產業是一種知識密集、技術含量高、多學科高度綜合且互相滲透的新興產業。「生物技術」從歷史的演進上，可概分為以下三類：

㈠傳統生物技術

以農耕、畜牧或食品加工技術為主。如製造醬油、釀酒等，這也是千百年來既有的生物技術。

㈡近代生物技術

利用微生物高產能的發酵技術，工業化量產抗生素、有機酸、胺基酸（如味精）、酵素等。

㈢創新生物技術

如利用基因轉殖、蛋白質工程、組織培養等技術研發新藥、改善農作物品種等，也就是常聽到的以「基因」為出發點所衍生出的生物技術。

目前所指的創新生物技術，其關鍵的核心技術，應有：遺傳工程或稱為基因重組技術、細胞融合技術、生物工程、蛋白質工程、生物反應利用技術（Bioreaction Technology）、發酵工程、細胞培養技術、菌種分離鑑定保存與育種技術、酵素工程、免疫應用技術、生化感測分析技術、程序及系統工程（Process and Systems Engineering）。上述每一項技術的複雜度門檻，不是一般產業所能比較。

四、攸關民生福祉

生物醫學科技被認為將繼電腦資訊以後，成為二十一世紀最具潛力的科技，關係人類福祉極為重大。事實上，增進人類或動物福祉，始終是生化科技產品的核心目標。譬如，人類基因體與肝炎治療的藥物基因體學研究，可以用來預防疾病，又可減少藥物的使用。新生物技術應用於醫藥品首見於胰島素，自1982年迄今已有75種產品上市。有鑑於生物技術能製造更為安全、便宜、功效更好的疫苗，它能解決全球人口以及工業化國家高齡化人口所帶來的老年疾病對於醫療的需求。同時由於分子基因科學和神經科學的進步，也創造出防治及治療個人化疾病的新機會。在這樣的趨勢下，會更加速帶動新生物技術的應用。

五、產業進入障礙高

　　生化科技業的研發經費高、時間長、研發成功機率較低，這些都是生化科技產業顯著的障礙。除此之外，生技藥品還需要衛生主管單位的核准才能上市，而此核准程序既費時且昂貴。依美國科技評價辦公室（The U. S. Office of Technology Assessment）的研究，它的花費可能要美金 2 億至 3.5 億，而一個產品從研發起至得到 FDA 核准，平均耗時要 7 至 12 年，其中還不乏臨床失敗或不被核准者。

六、風險高

　　相較於其他產業，生物科技產業更需要人才、技術、資金的密集投入，由實驗室到市場產品開發過程，每一環節都有不容失敗的高風險。一般來說，IC 工業每 2、3 年就有新的產品開發出來，而生化科技產品研發期長，商品化的時程也很長。從基礎實驗研究開始，要經過動物和人體試驗的複雜程序，並非一蹴可幾，起碼要 8 至 12 年方有商品上市。從研發到能作為商品上市的不過 5%。由於研發時間長，需要的資金就要充裕，相對來說，風險也比較高。就個別生技公司而論，至少要有兩種產品以上在人體試驗的階段，以免風險過於集中。

　　除上述風險外，生化科技產業還要面對眾多的法規審

查及產品責任，以確保產品上市後，在功效及安全性上沒有任何的不確定性。

七、附加價值高

生化科技不但能有效降低製造成本、帶來豐厚的利潤外，專利權的保護制度更是高利潤的保障。通常一種新的生物藥品，在上市後的 2 至 3 年即可收回所有投資，尤其是擁有新產品、專利產品的企業，一旦開發成功，便會形成技術壟斷優勢，利潤回報能高達 10 倍以上。

只要生物技術研發有成果，價值就相當的可觀，不但有獨占性的利潤，且產品生命週期長達 10 年以上，遠遠超過 IC 工業的產品生命週期。而且一個專利保護就是 20 年（新藥專利權約 15 至 20 年）。另外，它不易受景氣循環波動，以及需求大於供給的產業特性，都是吸引廠商投入的誘因。

八、技術密集

生化科技為技術密集的產業，需要多方面的知識及技術配合，如何統整各類相關科技，才是成功的關鍵。以基因重組技術製造蛋白質而言，從質體篩選、菌種選擇、表現系統的放大、產品製程的最適化，乃至於產品純化的過程，相關的技術環環相扣，缺一不可。

　　我國現有技術的主要來源是，「企業自行開發之非專利技術」、「企業自有專利」、「與國內外合作研發共同使用成果」，以及「購買國外專利授權」。

九、安全性

　　生物科技產業應用的技術、生產的產品，以及使用的對象，都是以生物為訴求，與人體健康息息相關，影響至為深遠，所以安全性是其第一考量。在其他跨領域整合的應用工具，亦須特別注意科技的有限性及負面性。例如應用奈米技術協助中草藥新藥之高速篩選，更具有效率。但是療效更好的同時，意味副作用（產品毒性）也跟著增加。東西從原先尺度，進到奈米尺度（10^{-9}）後，顆粒變小、總表面積變大，物理與化學特性會連帶起變化。原有效用是否遭破壞，或因而產生其他衍生物，目前尚難掌握。

十、須智慧財產權保護

　　生物技術研發完成後，還有一段很長的回收期，若非完善的智慧財產權保護措施，極容易被模仿，則投入十餘年、數億美元的研發成本，形同虛擲。

十一、道德倫理約束

　　1997 年複製羊桃莉（Dolly）的成功，開創「基因轉殖動物」領域的新局。2000 年 6 月，由 18 國科學家組成的研究團隊，共同宣布完成生物基因圖譜（Genome Sequence）定序草圖。隨著基因改造動植物技術的發展，有可能衝擊「人與人的社會關係」以及「人與自然的生態關係」，同時目前生物科技帶來風險的科學基礎並不完備，因此歐美各有不同的管理哲學，是有差異的。生物科技衝擊在國際間所產生的爭議，未來這方面的發展，尚在未定之數。

表 4-1　歐盟與美國管制策略的比較

歐盟	美國
基改作物就是有風險，除非證明沒有	基改作物沒風險，除非證明有
管制辦法複雜嚴格	管制簡化較寬鬆
傾向保護消費者	傾向保護農業相關產業
認為環境生態是脆弱的，易被基改生物打亂	認為環境生態會自我調整
含 1%的轉殖基因就必須標示	與現有顯然不相同時才需標示
預防原則；嚴格限制商業化直到充分資訊顯示無害	風險管理
	環境科學家較少參與；分子生物學家主導

歐盟	美國
不用廠商提供的資料	管制所需的資料由廠商提供
認為農業與環境一體，考量生物多樣性	農業生產優先，考慮國際競爭力
	不提供相關資料，1 萬美元罰鍰，2 年徒刑

資料來源：Henry A. Wallace Center for Agricultural and Environmental Policy at Winrock International, 2000; 陳鴻達整理

 第二節　生物技術產業應用範圍

　　生技產業技術領域及產品，所涵蓋的範圍極廣，在技術領域方面，生物技術可應用到遺傳工程、細胞融合、細胞培養、組織培養、胚胎及細胞核移植等技術；在產品方面，目前主要應用以藥品、醫療保健、農業、食品、環境、能源等工業經濟領域。所以舉凡農林漁牧生產、生態保育、公共衛生、社會倫理、人類生理資訊的識別判斷等，都與生化科技息息相關。

　　該產業未來的發展方向是，將生物資訊所取得的訊息，轉化成有生物意義，且可研發成具體的產品，以便能在生物學及生技開發上的使用。以開發新藥為例，它本是一條漫長且昂貴的過程，若能有效應用生物科技，縮短製

程，如此將能造福人類。例如，2003 年國人面對嚴重急性呼吸道症候群（SARS）的威脅，直接攸關社會大眾的安全，就是最好的說明。

生物技術有關聯的產業劃分如下。

一、生技農業產業

近年來，全球農業生技之進展日新月異，複製羊、生物農藥、基改作物等產品相繼問市，帶來龐大的經濟效益，也掀起一股投資熱潮，農業生技市場正快速成長中。著眼於全球的生技發展對農業影響，運用生物技術已是農業發展必要手段，而如何利用基因科技，創造更高價值的農業，更是一項值得討論的課題。台灣為全球認定農業技術前十二強的國家之一，因此如何在既有的農業技術基礎上，運用生物技術來發展高附加價值的精緻農業，是台灣農業發展的關鍵所在。具體而言，生技農業產業包括動物疫苗，添加物等動物保健產品、植物種苗、花卉組織培養，及生物性農藥與肥料等，都是生技農業產業的重心。未來在農業方面，應加速水稻基因團的研究，並將成果應用於其他農作物，以克服環境極限、達到提升作物之機能。此外，經由酵素工學、發酵技術與基因技術之整合，進行高附加價值新產品的開發，應該也是生技農業產業的

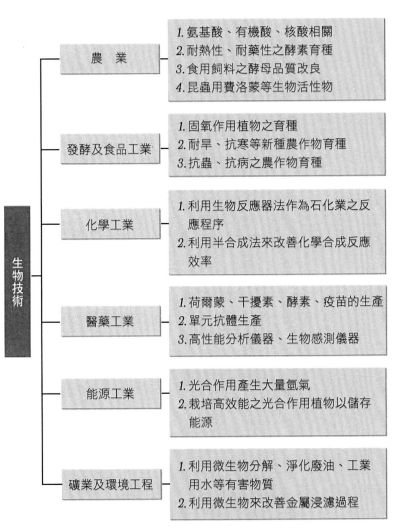

圖 4-1　生物技術對民生領域的關聯性

發展方向。當然,海洋生物的相關研究,也是應該整合的範疇。

二、發酵及食品工業

運用生物技術在發酵及食品工業領域,來開發適合個人體質之機能性食品,可發展的產業包括胺基酸、食品添加物、調味料、機能性保健食品和釀造酒及發酵乳類等。

三、生技特用化學品產業

包括醫用酵素、食品酵素、其他工業酵素、功能性特用微生物代謝物(如有機酸)、生體高分子等。

四、生技醫藥產業

生技醫藥產業包括人用疫苗及免疫血清、發酵原料藥、生技藥品和診斷檢驗試劑。目前熱門的研究方向是,重組DNA多價疫苗、基因修正疫苗、純化特定抗原的DNA序列所製成的次單位疫苗。後者若植入植物細胞,可進一步發展成口服疫苗。

針對高齡化社會的來臨,生技醫藥產業可就患者個人基因資料,開發適當的基因治療法,甚至於對個人之基因團資料加以分析,以進行「預防醫療」防範疾病之發生。因此,儘速建立由此研發體系所獲得之獨創性醫藥品、基

因治療法與再生技術之相關安全性評估及臨床實驗體系，並開發以動植物作為有用物質之生產系統的相關技術，是至為重要的。

五、生技能源產業

這一部分由於不具立即的急迫性，所以是最薄弱的環節。它主要的發展方向在於兩方面，一是光合作用產生大量氧氣；二是栽培高效能的光合作用植物，以儲存能源作為不時之需。

六、生技環保產業

包括微生物製劑、監測器、廢棄物處理、生物復育、廢水處理。環保生物技術產業雖不是近幾年的重點投資項目，但是國內近幾年來，對於生物可分解性塑膠材料之技術研發及市場動向甚為重視。在解決環境問題方面，則應包括以下的重點：開發環境監測及污染物質除去技術、具CO_2固定能力之微生物及植物、都市有機廢棄物處理技術。

七、生技服務類

包括藥品生體可用率（BA）／生體相等性（BE）試驗；生技產品之安全性及生理活性試驗；菌種篩選、改良與保存；儀器、設備之設計、製造、銷售；研發或生產代

工。

在上述這些領域中，最有可能成功的，就是生技農業產業。因為我國原本就是農業生技大國，過去 50 年來，農耕隊遠赴非洲大陸，尤其在 60 和 70 年代，非洲國家因為地形、氣候惡劣等因素，導致小麥和稻米的收成嚴重不足，再加上疾病肆虐、政局不安定，許多國家都爆發嚴重的饑荒和糧食短缺的危機。由於農耕隊的農業技術努力，因而使得原本幾乎沒有農業基礎，或被認為不適合農作物栽種的地區，竟然能夠出現金黃色的稻米田，多明尼加就是一個最好的例子。當時使得多明尼加的水稻，由原來 1 公頃生產 1.5 公噸的規模，成長為 5 公噸，足足增加了 3 倍的產量。

從上述這個事實就可以了解，我國農業生技的堅固基礎。過去我國曾有「香蕉王國」、「草蝦王國」、「鰻魚王國」、「蘭花王國」等多項美譽，不但為國家賺取豐厚的外匯，也象徵著台灣產業技術的發達。目前生物技術可以協助我國這些產業，使他們重新站立起來。所以未來應該在這個基礎上，做更進一步的努力，成功機率較高。

第三節　生物技術產業結構

　　根據經濟部所出版之《生物技術產業年鑑》，2000 年將生物技術產業區分為七個範疇：(1)生技醫藥品；(2)檢驗試劑；(3)動物用生技產品；(4)植物用生技產品；(5)特用化學及食品用生技產品；(6)環保生技產品；(7)生物技術服務業等領域。由這七個範疇得知生物科技並非是單純代表一種產業或商品，其實它有三大聚落，從上游的 DNA、RNA、SNP、蛋白質分析，到中游的網路資料儲存、搜尋、資料庫建立、基因體研究中心，再到下游的基因比對、基因晶片。上、中、下游三大範圍都相當廣泛。

　　我國在傳統生物技術產業，無論在研發上、技術上、產業結構上，均有相當的基礎。不過在新的生物技術領域，則尚在萌芽的階段，總體新生技產業的產值尚不及新台幣 200 億元。相較於傳統生物產業產值新台幣 1 萬億元，顯示還有一段成長的空間。若再比較我國與美國的生物科技產業結構，就會發現我國無論在員工人數、每家公司的研發經費，就更加凸顯我國這一部分的弱點。

　　在技術方面就落後更遠，根據工研院化工所調查資料顯示，檢驗試劑、畜用疫苗、生物性作物保護劑、特用疫苗、酵素、胺基酸、抗生素、味精、傳統發酵及食品等十

大生技產業中，國內只有在味精及四環素的發酵技術已經成熟之外，至於基因工程、細胞工程、生化工程、菌種改良、蛋白質工程、生物反應器、微生物發酵工程、量產製程等技術，皆處於亟待開發的領域。

為什麼會產生這種情形呢？最主要的因素是，我國生技產業屬於中小企業的體質。而且更嚴重的是，產業結構不完整，這才是發展生技產業當前最大的危機。因為專業分工的生技產品產業價值鏈需要環環相扣，尤其生物科技產業中，產業價值鏈的完整性更為重要。然而，台灣長久以來皆以製造為主，缺乏研發、動物試驗、臨床試驗，甚而政府藥品審查機構也僅有價值鏈中的製造，產業結構相當不完整。

事實上，一個產業的興盛，絕對不是其單獨發展就能夠發展起來的，例如國際資訊業，就分為了上游的半導體、中央微處理器及記憶體，中游的封裝與監視器等產業，最後再由系統廠商予以組裝。可見相關及支援產業（Related and Supporting Industries）所形成的網路能否相輔相成，更是一產業是否能夠成功發展的關鍵。

職是之故，我國應在最短時間內，建立一個完整的上中下游體系，以提升資源的整合度，然後再進行產業內的水平分工，並依據各廠商的專長，建立企業競爭力，來強化產業內的技術網路連結度，進而提升產業競爭力。

第四節　生物技術產業發展過程

　　全球產業發展趨勢已由勞力密集的農業時代、資本密集的工業時代，發展到以知識密集的「知識經濟」時代，而以研究發展及智慧財產為主體的生物科技產業，正符合當前「知識經濟」時代的潮流。

　　面對這個產業大趨勢，我國要如何融入生物科技產業的國際社群，成為國際社群中研究發展與商業化的重要關鍵（即確認台灣在全球供應鏈或價值鏈的位置），以避免台灣生物科技產業的邊緣化。為此，我國乃積極推動生物技術產業，期間二十多年的歷史，有值得稱道之處，也有需要再加強者。

　　從民國 71 年行政院就已將生物技術列為「科學技術發展方案」的重點項目，在這產業發展 40 年的過程中，有幾項較具指標性意義的階段，經歸納後，總和為下列六大階段。

一、確定發展階段

　　生物技術產業正式被列為我國的產業政策核心，是從 1982 年的行政院「科學技術發展方案」才確定「生物技術」為八大重點科技之一。當時同為重點科技的還有能源

科技、材料科技、資訊科技、自動化科技、雷射科技、食品科技及肝炎疫苗等。到現在已經過了幾十年的時間，這些當初被列為重點發展的科技，大多已開花結果，尤其資訊產業的耀眼成果更讓國人有目共睹。

二、計畫推動階段

政府從 1995 年就開始進行「加強生物技術產業推動方案」，以強化人才培育、研究發展、基礎建設（健全法規體系及推動投資為主要項目），來強化我國生技製藥的國際競爭力，政府並積極帶頭推動公、民營企業的參與意願。這個階段由於有歸國學人及國內研究機構共同投入該產業的發展，因此充分展現國內生技產業的活力。

三、實踐階段

1996 年台南科學園區動土，其內設有 30 公頃的生技產業專區，後續則有竹北生技產業基地，以及 2014 年中研院生技園區的興建。

四、跨領域推動階段

為建立我國生化科技產業發展之完整體系，行政院在 1997 年宣布：開發基金將分 5 年投入總數新台幣 200 億元資金在生物技術的相關產業上。另一方面，為了集中力

量，行政院則以仿效資訊電子產業成功的模式，成立包括經濟部、國科會、農委會、衛生署、教育部與中研院的跨部會指導小組來推動生技產業。

1997 年 4 月，行政院召開第一次生技產業策略（SRB）會議，正式將生技產業列為繼電子、資訊、電信產業後另一個明星產業。1997 年 8 月 7 日第 2539 次院會，修正通過「加強生物科技產業推動方案」，提出生技產業政策的最高指導原則：

1. 健全相關法規及驗證體系，並推動實施各項優良規範標準。
2. 加強輔導獎勵、推動投資並積極引進技術。
3. 加強研究發展與其成果之移轉、擴散及應用。
4. 擴大專業人才培育與延聘。
5. 建立智慧財產權之保護措施。
6. 推動國際相互認證與建立生化科技產業資訊。

1997 年 12 月的第十八屆科技顧問會議，以花卉種苗、水產養殖、動物用疫苗、生物性農藥、保鮮技術為主的農業生技，及以基因組基礎研究為本的基因治療、基因毒理、疫苗開發等的基因醫藥衛生，均列入國家型計畫。

1998 年以蛋白質藥物、中草藥、診斷檢驗試劑為發展重點的製藥與生物技術研究，也列入國家型計畫。由於中草藥是中國人特有的優勢產業，在全球一片回歸自然與綠

色革命下，中草藥產業將是我國最易掌握的，因此，生技產業便加列中草藥的藥材、藥理、藥性、毒性等研發工作。

五、徘徊階段

自 1972 年到 1998 年，有超過 15 年的時間，雖有計畫不過卻沒有具體顯著的績效，所以政府期望透過產、官、學、研的共同努力，將生技產業的產值由 1997 年的 5 億美元，提升至 2005 年的 23 億美元，且期望產值結構有所改變。故此，經濟部產業技審會化工民生技審小組於 1999 年 11 月，將生技產業由特化、製藥與生技產業中獨立出來，將其納入「十大新興工業」中，並修改「促進產業升級條例」，使我國過去以生產導向的投資，轉為研發／服務功能的領域投資。

儘管產業政策處於徘徊階段，不過台灣的生技產業自 1996 年起開始即進入蓬勃發展的階段，超過半數的公司成立於這 7 年中。

六、重新出發階段

重新出發階段的第一個里程碑是 2001 年 11 月行政院科技顧問會議中，海內外各界的生技專家，共同為我國提出未來發展生技產業的策略規劃藍圖，希望我國未來能朝向「創新研發導向之生技產業」及「利基導向之精密製造

生技產業」雙軌並進的策略，規劃我國成為「全球生技醫藥產業研發及商業化不可或缺之重要環節」與「具特色之亞太生技醫藥產業發展樞紐」的兩大方向進行，讓台灣成為「亞洲多發性疾病研發及臨床中心」、「生技及藥物重要量產基地」、「醫療工程應用及產製中心」、「亞洲蔬果花卉水產科技中心」以及「亞洲生技醫藥創業投資重鎮」等五大中心。

　　第二個里程碑是「挑戰 2008：國家發展重點計畫」，該計畫擬定發展上述四項重點計畫，其中生物科技發展計畫項下，規劃了「農業生物技術」、「製藥與生物技術」以及「基因體學」等三項國家型科技計畫，期待經由生物技術在國內的推展，提升我國農畜產品的附加價值，強化新藥研發製造以及藥品管理能力，並從基因體與蛋白質體的研究，結合生物資訊技術以及系統生物學，來探討我國民眾容易罹患的疾病致病機制，從而整體提升全民之健康與生活水準，同時增加國家競爭力。

　　回顧以往四十多年來，我國對生物科技的推展，每年皆編列相當預算，行政院也有推行生物醫學科技發展之相關辦法，顯現政府發展生技產業的殷切期待。不過在成效方面顯然不如預期的理想，究其主因，在於產業界對於長期研發的投入缺乏；學術研究的知識創新與擴散速度緩慢；產學與產研間合作關係薄弱；許多基礎研究重複。

　　另外在政策面上，隨著政黨輪替，政策也隨之而改，欠缺整體完整性的長程戰略規劃，因而衍生產、官、學互動不夠，分工定義不清、相互脫節，而非相輔相成。

　　所以未來在產業政策的制定方面，應更深入產業的特質，才能真正協助產業的發展。尤其生技產業的範圍廣泛，發展資金需求大、研發時間長，部分廠商或個別研究單位的研究成果，若無法成為政策上鼓勵扶植的對象，就容易放棄持續的研發。同時，以往政府對於廠商獎助的方向多著重於產品的減稅，此項措施對於「研發型」公司，實質誘因並不大。故此，政府在政策上的獎勵及智財權保護等相關機制，須更明確地建立，以建構更完善的國家創新體系，提供更完備的產業發展環境，讓進度稍有落後的生技產業發展能急起直追、迎頭趕上。

 ## 第五節　我國生物技術產業的內在缺陷與外在機會

　　原本國內許多生技的廠商，主要發展以開發新藥或中草藥、生物晶片或生醫材料為主，但過去這幾年來紛紛轉向，跨足到保健食品、生技化妝品領域。這也說明我國生物科技產業的特色與其他國家不太一樣，一方面有其內在

缺陷，但另一方面也有特殊的外在發展機會。如何主動利用機會，化解內在機制的不足，實為我國生物技術產業的當務之急。

一、外在機會

面對全球性能源短缺、糧食供應不足、氣候變遷、新舊疾病威脅等，使得生物技術的發展確實帶給人類希望，也衍生龐大商機。為此，先進國家幾乎將發展生物科技列為本世紀重點產業。我國生物技術產業的機會，主要存在於大的環境架構。

㈠疾病威脅

人類的疾病，充滿著無窮尚未滿足的需求，而且華人為全球最多的人類族群，可發揮的空間潛力無窮。例如，嚴重急性呼吸道症候群（Severe Acute Respiratory Syndrome, SARS）幾乎就是衝著華人而來。

另外，全球人口結構趨向老化，高齡化的老人健康及醫療問題將會愈來愈嚴重。如何延壽、減少疾病，這些都是生物科技可以扮演的重大角色。

㈡戰爭恐懼

2003 年美國揮軍入侵伊拉克時，國際間都認為如果生化戰一旦開打，必然會掀起另一波更深的恐懼，傳染一旦

發生，會造成更大的紛亂。可能被用做生化戰劑的病源，包括天花、炭疽菌、肉毒桿菌及鼠疫等。雖然伊拉克沒有以此反擊，美伊戰爭所衍生對生化戰的恐懼而產生直接對生技／製藥產業的需求，是可以想見的。為避免遠征的戰士受到疾病的困擾，美軍出發前的預防措施中，疫苗是必備的項目。美國總統布希在記者面前也宣示性地打了一針天花疫苗，就可以推估該產業未來的成長空間。

㈢安全的需求

身分辨識的重要性，無論是在政府機構或企業領域，金融市場或是研發單位，幾乎都有安全上的需求。靠著所謂的生物辨識技術，利用生物特徵作為辨識或認證，的確是可行的方式。而生物辨識科技近來也有所突破，實際上各種安全機制的實施已變得更加方便。

二、我國生物技術產業的內在缺陷

台灣早在 1983 年就將生物技術列為八大重點發展科技之一，自 1990 年代後期開始，民間也興起生物科技投資熱。但歷經二十餘年，成效卻相當有限，自有許多值得檢討之處。

㈠知識傳播速度過緩

基礎研究為生物技術產業的重要基礎，但是我國的生

物技術科技教育一直存在許多共同問題，例如，缺乏生物技術通識課程、缺乏整體性規劃、基礎課程與核心課程無法整合、相關學院科系間無法合作、缺乏校際間的教學聯盟、教學研究和產學無法配合等。儘管情形略有改善，許多大學也都相繼成立「生物技術學程」，但仍不足以提供學生完整的生物技術教學內容。

㈡人才培育與產業脫節

台灣在生物基礎研究方面，政府已投入相當的人力與物力，研究人力水準相對較佳，基礎研究已有成效，惟生技人才的養成教育與實際產業的需求，供過於求十分嚴重，亟待改進。

㈢研發經費不足

生技產業是一個非常強調研發創新的產業，產業主要競爭優勢在於研發能力具優勢或具獨特技術。由於我國生物科技產業仍屬萌芽期的產業，其成敗關鍵主要在於技術的有無，故關鍵技術的研發，便攸關生物技術公司的成敗。對我國發展生物技術產業而言，研發經費的投入更是一項重要的決定因子。目前台灣整體的生技產值仍不及美國單一大藥廠營收的十分之一，這項數字說明：無論政府或產業界，對於研發資金的投入均嚴重不足，生技資源實際投入規模與其政策口號並不一致，這些必然會制約產業

的研發水準，以及影響到產業的前景。

㈣技術障礙高

目前業者在抗生素、疫苗及其他生技產品在傳統突變、基因工程、細胞工程、生化轉換、發酵工程及分離回收上，皆遭遇技術瓶頸，其中又以分離回收之技術瓶頸較大，其次為基因工程及傳統突變。

㈤資金排擠效應

資金是產業的血脈，一旦缺血，產業則不振。如今政府及民間投資均偏向大型投資案，如半導體、LCD或通訊固網業等，國內生技產業尚處於萌芽期，公司規模不大，獲利又不易，所需資金易受排擠。

㈥專利數不足

以全球基因專利近年呈現快速成長的現象（目前累計專利已達三千餘件）來看，台灣業者專利數的比例，與歐、美、日等國專利數相比過微。台灣如未能及時趕上，未來在使用基因資訊時將須付出相對高額的成本。如何尋找出產業發展的立足點，並於研發加緊直追，將是現階段首要思考的重點。

㈦缺乏技術交易市場

生物科技產業研發時間長，研發風險大，因此除了較大規模的廠商，一般都是以技術交易方式來獲得技術，小

公司可專注於開發創新技術與專利，因此技術交易市場健全與蓬勃與否，影響小型生技研發公司生存的空間。然而，我國的生技產業界並不存在這類市場，同時也缺乏技術交易法律與技術評價方面的經驗，這些並不利於企圖轉型的中小型企業。

(八)市場開發管道的問題

台灣生醫產業的研發能量集中在學研等機構，其中又以中研院、中科院、國衛院、工研院等機構為最主要。不過產業中游應用研發的能力薄弱，且與下游產業脫節，而上游學術研究機構人員創業意願不高，技術研發有閉門造車的危險，技術移轉和商品化成效皆不彰。除此之外，在我國加入世界貿易組織之前，幾乎重大民生工業多為公營和專賣，因此也壟斷了新事業的開發管道，如釀酒、味精、製糖等。儘管這些機構在研發和技術創新上有其貢獻，不過相對的也限制了某些領域的進步和擴展。

(九)獲利不穩定

儘管生物技術產業深具發展潛力，為我國重點推動發展之高附加價值、知識導向型產業。不過因生物技術產業長期缺乏穩定的獲利模式，以及技術的不純熟，因此讓許多的生物技術公司有呈現泡沫的危機。

除了上述這九項內在弱點外，國內市場規模小，加上了解生物技術產業領域的行銷人才嚴重不足，導致國外市

場拓展不易。再加上上游（研發）、中游（發展）及下游（生產）間之溝通不夠，協調鬆散，同時我國下游產業多屬中小型企業，研發及技術承接能力薄弱，因此更導致我國生物技術產業發展遲緩。

 ## 第六節　我國生物技術產業的因應戰略

　　生物技術現今已蔚為各國科技發展的主流，究其原因乃基於其產品對人類具有深遠的影響，尤其在經濟上，無論是藥品、醫療保健、農業、食品、環保、資源等領域中，其價值是難以估計的，因此各國無不傾全力發展之。若真希望成功發展生物技術產業，就必須要了解產業成功的關鍵因素，然後根據這些因素，建立正確的產業戰略、戰術，並循序漸進地推動，這樣才有成功的可能。

一、生物技術產業成功的關鍵因素

㈠具備足以構成國際競爭能力的技術

　　應有創新研究來使產品品質合乎歐、美、日等先進國家 GMP 標準，製造成本具備國際競爭力，使產品能進入國際市場。

㈡達到足以支援產業發展的研發能力（包括質與量）

使國內研發在量及質方面，都能充分提供國內產業生產所需技術，且有能力開發具備國際競爭力之原創性製程技術及新藥新劑型。

㈢豐富的資源

掌握生物技術充足供應的原料來源，包括原料藥中間體、原物料、研發材料等。

㈣國際行銷能力

建立生物技術產品的國際行銷網，並掌握靈通的資訊與外銷市場的需求。

㈤建立品牌形象

使生物技術的產品品質達到國際水準，且為國際市場所接受。

㈥周全支援體系

建構適合產業發展的周邊環境，包括：完整的基礎設施，持續而穩定的輔導政策，以及法令、金融及財稅等完備的支援體系。

㈦完整生產架構

從原料至製劑產品，應建構完整具備競爭力的產業結構。

二、產業發展戰略

　　日本是利用發酵工業優點，由點發展生物技術，延伸到面及立體。日本生技產業還有一個特色，就是各地方依其資源，發展具地方特色的生技產業，研發產品，例如以畜產品聞名的北海道發展畜產生物技術。英國則突出研究基礎，加上具競爭力的製藥工業，使得英國在生物技術領域成為歐洲領先國家。美國主要是以基因工程、細胞免疫等為基礎，切入生技產業的領域。那麼我國究竟應該採取何種發展戰略，才能後發先至？

　　台灣生技產業客觀的強項，在於具備精密製造，農業科技技術及推廣基礎良好、機動靈活創新的中小企業文化，與成長快速的亞太市場密切關聯，加上廣大華人生醫科技人才庫等優勢。只要產業戰略與戰術正確，應該會有機會成為全球生技的重鎮。下列將這些發展戰略分述如下：

一、建構本土特色的生技產業

　　我國的生技研發，應當選定生物技術重點發展產業，以循序漸進方式，積極推動，給予集資、貸款等優惠獎勵，並集中力量於帶動具有本土特色的生技產業。較可行的是在短期內專攻「農業生物科技」和「中草藥保健食品」，例如中草藥新藥的開發、肝病和肝癌研究，以及農業研究等。就長期而言，則以「生技製藥」與「生物微機

電」產業，最符合我國的潛在優勢。

二、找出我國優勢切入

　　以國內現有資金與人力的投入，實在有必要選擇具有競爭優勢的項目，才能在全球化競爭的過程中與國外生技產業一拚高下。就我國來說，有資訊電子業的堅強基礎，就應該要先從這個點著手，由點而面來帶動整個生技產業的發展，這樣才能發展具有中華民國特色的生技產業。以基因晶片來說，它是將基因放在晶片上，這個過程需要有「半導體製程」技術的配合，而半導體製程相當複雜，不是其他國家可以立即跟進，這是我國生技產業發展的利基。

三、資源整合

　　生技產業為二十一世紀的明星產業，不過台灣生技產業正屬於萌芽期，產業資源也不足，故此，應該整合產、官、學、研之研發體系，以及台灣學術研發與醫療機構的資源，配合國家總體計畫，暢通研究、發展、生產三者間的管道，以加強生物技術產業之推動，如此才有可能迅速迎頭趕上歐美先進國家。

四、提升產業技術

　　國內生技公司涉入的產品，大都是「低進入障礙、低

投資成本」領域的商品，在面臨國際化與自由化的衝擊，市場競爭激烈之白熱化，工資不再是唯一取得主導優勢的因素。所以各國產業競爭策略，莫不致力於對未來可預見的科技加強投入。在手段上，我國提升產業技術的可能方法，涵蓋：(1)結合國內已具成效之上游學術界研發成果；(2)直接引進國外已成熟的技術，技術授權；(3)加強研發；(4)推動成果轉移；(5)人才培訓；(6)國際合作技術引進，以上都是可以考慮的作為。

五、異業結合

生物科技的進步，已經愈來愈仰賴來自不同領域的專業人才貢獻與合作，未來生物科技若能結合資訊電子技術，就有可能開創另一次的產業革命。

六、策略聯盟

生技產業屬於資本技術密集的產業，為分散風險、提高獲利，產業可以走向國內併購整合，以及國際策略分工。以2002年國內生技產業發展狀況而論，由於總體經濟欠佳，生技業的投資風險大增，因此萌生怯意或投資標的轉向者大幅增加，生技業者多感籌資不易。所以企業可用策略聯盟，以補自身產品線過於集中或研發不足的危機；和不同製藥或行銷公司共同研究開發，避免只和一家公司

或學術單位合作。

七、積極培育生技基礎研究人才及科技管理人才

　　基礎研究的能力是生技產業發展的基礎，而生技產業管理人才則是產業發展的枝幹。基礎研究的發明需要管理人才，對於研發成果加以商品化，進而推動國際行銷，才能使生技產業的發展從研發往外擴散。生物技術產業是創意且具成長性的產業，在公司設立之初，就必須有資深經驗之管銷人員將產品通過認證並行銷到市場。在生物技術產業的洪流中，勢必需要更多優秀人才的投入，才能滿足產業不斷成長的需求。所以生物技術產業必須積極與學界配合，以培育生物技術產業的人才。當然政府也應該加強人才培育，及延聘海外專業人才，同時設置創育中心（如菌種保存中心、篩選產業菌種中心、藥效評估與藥理毒理試驗中心、實驗動物中心）與生物技術專業區，以利生物技術產業之發展。

八、注重智慧財產權

　　加強保護智慧財產權，有利我國生技產業的起飛。因為專利權是海外大廠威脅國內廠商及限制我國海外市場的重要利器，即便是名聞遐邇的基因解碼公司 Celera，及全球最大之基因晶片大廠 Affymetrix，也曾發生專利訴訟。

未來產業發展時，我國應格外注意生物技術的專利問題，政府也應積極發展專利評估及申請的制度。具體的作法是，增修生物技術產品開發相關的法令規範、建立生物技術產品之委託製造制度，以及保護生物技術財產權。

九、建立產、官、學、研的連結

　　產、官、學合作是產業研發與創新的生力軍，目前在國內的產、官、學、研內的各自運作，均有其規模與制度，但實際上彼此間的連結度還可以再繼續加強，以提升效率，並減少資源的浪費。尤其是透過技術網路，建立產、官、學、研間的連結，以加速知識的推動。

十、善用政府資源

　　我國生技產業在萌芽階段，基礎教育及研發能力仍然薄弱，如何從中突破國外生技產業的專利包圍？如何取得國際重要市場的許可，如美國藥物暨食品衛生管理局（FDA）的認可？如何與國際大廠建立合作模式或策略聯盟，進而取得訂單？這些都是政府可以協助業者之處。

十一、正確的產業政策

　　政府應該建立正確的產業政策，以加強生物技術產業的國際競爭力。

㈠強化現有生技園區

我國應強化利用現有的生技園區，以促進生技產業的群聚效應，並藉此群聚來與全球其他生物科技產業群聚互動，形成人才、技術、資金及資訊等交流。希望能更進一步地吸引對生物科技產業有興趣的大型跨國集團，或國際知名生物科技公司，來台技術授權、策略聯盟、國際購併或投資設廠、科技交流、創造就業機會，以及融入生物科技產業的國際社群。

㈡增加生物技術研發經費

以加強關鍵性生物技術及生化工程等之基礎與研究，並將研發成果有效移轉民間。

㈢金融協助

產業的發展，絕對離不開金融的協助。政府支持該產業的發展策略，應積極提供融資與財稅優惠；政府參與投資；協助建廠取得土地；協助籌募資金。

㈣拓展國際市場

有國際市場，生技產業才能發展壯大；反之未能取得國際市場，則僅能固守台灣一隅。政府可協助具國際市場潛力產品外銷；推動策略聯盟；推動國際相互認證；更重要的是想辦法打進中國大陸及印度市場，如此生技產業才有願景。

㈤政策配套措施

台灣生物科技產業亦尚在萌芽階段,產業發展相關法令規章配套不足(例如臨床試驗的業務過失刑責),自然會影響產業發展的進度。建議政府部門未來在推動生物科技產業發展,建立一個與生物科技「相容」的租稅優惠、研發補助、資金取得、人才供給等方面的獎勵措施,以支持我國生物科技產業發展。

㈥建立資訊網

資訊不通猶如人的氣血不通,小則中風,重則喪命,因此,建立有效的產業資訊網絡是刻不容緩的當務之急。目前應置重點在協助建立產業資訊網;協助產品發展、行銷資訊之取得及建立;建立海外行銷資訊流通。

㈦強化社會正確的認知

行政院生物技術指導小組正以類似「資訊月」的作法,推出「生技月」大型活動,其內包括五大項目:(1)國際生物科技大展;(2)產業政策論壇、生技產業推動政策論壇;(3)生技投資論壇、生技創投之夜;(4)生技教育研習營;(5)國際細胞論壇、兩岸生技研討會等,以期拉近民眾與生技產業的距離。

Chapter 5

醫藥產業

　　醫藥產業是近百年興起的工業，用於治療人類疾病，與國民的生命健康息息相關，所以普遍受到各國政府的重視。這主要是因為人類的生老病死，其中任何一部分都涉及醫藥與醫療，屬於人類的最基本需求。事實上，醫藥產業不僅影響人民個人的健康，其實更攸關一個國家或民族的生存與發展。

　　醫學進步的確可以讓人類延長壽命，目前開發中國家平均壽命為 64 歲，已開發國家更高達 80 歲，過去 25 年來，65 歲以上的人口成長了 82%。不過隨著各國年齡層老化、環境污染加劇，以及生活壓力加重之後，疾病患者增加，因此也讓醫藥產業更形重要。

　　已過半世紀以來，我國經濟成長、國民所得增加，以及人口高齡化的發展，使得民眾對於養生觀念日漸重視，藥品的需求有逐年增加的趨勢，藥品製造業的產值因此逐年增長。現在台灣地區醫療服務的提供，主要有中醫、西醫、中西醫結合等三種不同的方式。這三種不同的醫療服務，各有其所長。

　　政府近年來致力推動製藥產業的發展，將製藥產業列為十大新興產業，提供租稅相關的優惠，並積極參與製藥相關的研發，使得我國製藥業蓬勃發展。再加上嚴重急性呼吸道症候群（SARS）的肆虐，以及國際間生化戰的威脅（如炭疽桿菌），在生命勝於一切的前提下，醫藥產業必

然成為攸關人類幸福最重要的產業。

 # 第一節　醫藥產業特性

一、跨領域

醫藥從研發到製造銷售，集合了生物、醫藥、化學、材料、機械、儀器、資訊、統計、貿易、財務等跨領域的人才與技術。醫藥產業應用層面非常的廣，如食品、化妝品、農業、醫療保健、化工材料、機械儀器、資訊體系等產業，都涵蓋在它的範圍內。所以，這也是製藥公司常能發展成為垂直或水平整合大型企業的原因。

二、技術密集

醫藥開發有六個階段：(1)藥物發現（Drug Discovery）；(2)前臨床試驗（Preclinical Trials）；(3)臨床試驗第一階段（Phase I）；(4)臨床試驗第二階段（Phase II）；(5)臨床試驗第三階段（Phase III）；(6)藥政管理機關（在美國為FDA）審核。製藥屬於技術密集的產業，開發過程極為冗長，亟須前述跨領域的各種技術支援。在中藥方面，中草藥的開發，由植物分離單一分子，演變到合成單一分子，到雞尾酒療法，到未來可能為由全植物抽取多種化學物的趨勢，

這些都是屬於技術密集的領域。

三、資本密集

　　製藥工業是資本密集的產業，不論是購買專業的生產設備或是研發新藥的過程，均須投資高額的資金。平均一家公司的研發預算，幾乎都有 25%以上用於藥物的發現。一般參與較為保守的新技術投資，一年須花費 1 億美元以上；而較為積極的投資，則一年所需的金額更高達 3 億美元。這主要是為了藥品的安全及有效，必須經過一連串的體外藥理、毒理實驗及體內藥效試驗，故須經長時間及相當大之投資。近年來以重組 DNA 技術進行基因轉殖法，以動、植物之活生物工廠來生產藥物之研發，其研發費用更是驚人。

四、研發週期長

　　從開始研製到商品化的市場階段，遠比藥物開發的階段複雜。它要經過很多的環節，如實驗室研究階段、臨床試驗階段（I、II、III 期）、規模化生產階段、市場商品化階段、藥政審核階段，以及市場接受的階段。所以開發一種新藥的週期較長，據估計一般需要 8 至 10 年，甚至 10 至 12 年的時間。

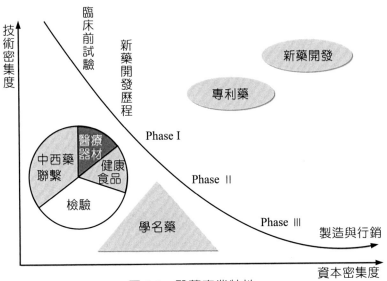

圖 5-1　醫藥產業特性

五、安全性要求高

　　藥品直接關係國民的健康，故為確保藥品的安全性、有效性及防止濫用等，因此藥品的進口、研發、製造、銷售等過程，衛生主管機關都會嚴密監控，以確保使用者的安全。

　　製藥生產過程包括純水使用、調劑、製粒、打片、裹糖衣、分裝及包裝等，任一過程均攸關半成品之安全性，故對於生產品質應嚴格要求。為確保藥品的安全性，人體

的臨床試驗是最關鍵的時刻。為此，美國食品藥物管制局（FDA）訂下三個階段要求藥廠，且每個階段都須符合特殊的安全訴求。

　　第一階段主要是強調使用於人體的安全性（Safety），一般會要求約20至100位健康人體做測試，但是癌症及AIDS

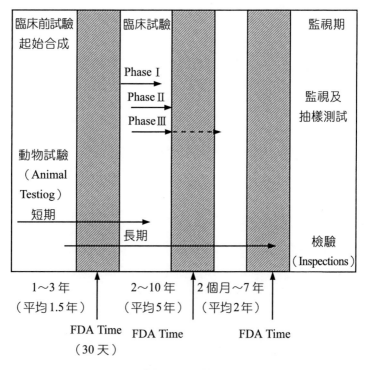

圖 5-2　美國 FDA 新藥審查時程圖

例外。第二階段則要求有效劑量及療效的確定，此階段需要一百到數百個患者做試驗。假設 100 種新藥申請臨床試驗，第一階段平均刷掉 30 種，第二階段刷掉 37 種左右，可見安全性及療性的必要。一般小型的生化科技公司常於此階段完成後，將技術及專利移轉給大型藥廠或策略聯盟，以快速商品化及建立銷售通路。第三階段是確認最有效劑量及療效，並觀察其副作用，約需數百位到數千位患者做試驗。所以美國新藥從合成到 FDA 的核准（約需 100 個月，相當於 8 至 9 年），有些廠商耗時 20 至 30 年也不足為奇。

表 5-1　臨床人體試驗三階段

Phase	病人數	時間	目的	過關率
I	20～100 位	幾個月	主要是安全性測試	70%
II	100～數百位	幾個月～2 年	・短期安全性測試 ・主要在有效性測試	33%
III	數百位～數千位	1～4 年	安全性、有效性及劑量控制	25%～30%

六、高利潤

醫藥產業的營運，產品的行銷、開發，皆與其他產業不同。最為特殊的是，它不受外在經濟景氣的變化，而且

在戰亂、天災、瘟疫時，需求反而大幅增加。2003 年的美伊戰爭再加上 SARS 疫情，就使得全球對醫藥產業的需求大增，全球相關的醫療器材產值，已超過 1,000 億美元。

醫藥產業每開發成功一種新藥，過程雖然艱辛，不過一旦通過美國食品藥物管制局（FDA）的認證上市後，高達 15 至 20 年專利保護期，等於是獲利的保證書。除專利保護外，產品本身的獨占性也是高利潤的來源。以威而剛（Viagra）上市而紅極一時的 Pfizer 藥廠為例（全球第二大藥廠），1999 年淨利為 31.79 億美元，其中就有 8 億美元是威而剛的貢獻。

七、高風險

研製開發的任何一個環節，稍有疏失都可能前功盡棄，並且某些藥物具有「兩重性」的風險。第一重風險在於研發領域，第二重風險在於市場是否有不良的反應。總體而言，一個生物工程藥品的成功率僅有 5%～10%。

目前開發新藥的週期有愈來愈長的趨勢，主要的原因是：(1)疾病的種類不斷增加，醫治當今疾病比 20 年前困難得多，使新藥的研發更複雜，所需時間更長；(2)人們對於藥品的有效性及安全性，要求愈來愈高。反應在藥品的管理愈來愈嚴，所以臨床前及臨床試驗的項目與研究範圍有向外擴大的趨勢，相對的，開發時間自然會延長，以使

藥品的有效性及安全性更明確。

另外，除了開發產品的風險外，市場競爭的風險也是必須要注意的。特別是搶註新藥證書及搶占市場占有率，這兩項是開發技術轉化為產品時的關鍵，也是不同開發商激烈競爭的目標。若藥證或搶占市場被他廠優先拿到，則所有心血、資金與努力都將全盤落空。

八、市場競爭激烈

治療疾病的醫藥，可能有許多不同的替代品，如何持續不斷地有最具療效的產品加入，對於能否永續經營則扮演相當重要的角色。

九、依賴制度

製藥業與各國的醫療健保制度有非常密切的關係，諸如藥價政策的制定、健保補助的額度、藥品開放進口等。

十、特殊消費型態

除了安全性較高的成藥外，為顧及使用的安全性及有效性，藥品的使用必須經由專業的醫師開立處方，即使零售藥品也必須經由專業的藥師執業。以我國為例，在全民健保實施之後，保險單位付帳，醫師開立處方，藥師調劑，病人使用，開藥者及使用者之間除非刻意詢問，否則

往往是在不知藥價下用藥，形成特殊的消費結構。

十一、與生物科技產業關聯度高

在基因資訊解碼後，未來的醫療行為將由被動式改為主動防禦，先找出遺傳、致病的基因，然後再做基因矯治。換句話說，民眾可藉由生物晶片來檢驗，以找出基因差異的資訊，如此即可針對單一疾病的不同種族或個人量身訂作。

近年來，生物技術基因工程的快速發展，已將製藥業帶入更深層的研究領域。這種生技製藥是利用生物的因子，如荷爾蒙、細胞素、抗體、核酸、多醣類等，來促進或抑制它們所控制的生理反應，及對製藥微生物基因的全盤操控，以製造出更有效的藥。

十二、高品牌依賴度

新藥的上市，通常有完整的專利保護。全球性大藥廠可透過全球性的銷售網形成市場區隔，而獨占世界市場並獲取高報酬率。由於一般醫生及消費者，對原開發廠藥品的品牌信賴度較高，一旦使用後，便不易變更品牌。縱使專利過後，學名藥陸續地出現，但原開發廠仍擁有大部分的市場。

十三、專業服務

藥品的調劑及配方，是一項專業和技術性的工作，能直接影響到用藥的安全與療效，依法須經由醫療體系的規範。每個國家制度不同，這種專業服務也可能有些許的不同，但都是朝向嚴謹的方向。我國中藥製劑上市前，須經衛生署的審核及檢驗，上市後須接受衛生署監督管制。依藥事法39條規定：製造、輸入藥品，應將其成分、規格、性能、製造之要旨、檢驗規格與方法及有關資料或證件，連同標籤、仿單及樣品，並繳納證書費、查驗費，申請中央衛生主管機關查驗登記，經核准發給藥物許可證後，始得製造或輸入。

在實施全民健保之後，藥方藥品及部分指示用藥都有相關的法規規範。根據衛生署依藥品的安全性、藥效等，將藥品分成三大類來規範：處方用藥（須經醫師處方）、指示用藥（須經藥師或醫師指示使用）、成藥（不須經醫師處方，消費者可直接購買）。

 第二節　醫藥產業結構

製藥產業涵蓋範圍廣泛，包括原料藥、西藥、中藥等相關產業的產品。西藥因為常有副作用，因此許多人常以

傳統的療法做輔助治療，增加醫治機會，因而促使中草藥的復甦。無論是中藥或西藥，其中最關鍵的兩個階段都是原料藥和製劑。「原料藥」是藥劑中的有效成分，多由天然物、石化產品等，經化學反應萃取、分離、純化而得，為製藥工業之基礎。「製劑」則是將原料藥加工，成為方便使用的形式。中西製藥劑常見的有錠劑、液劑、散劑、丸劑、膠囊、軟膏、注射劑等。

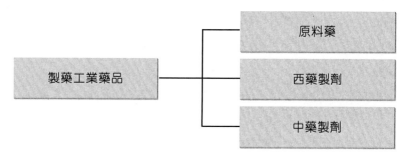

圖 5-3　製藥工業藥品的種類

目前全世界各國使用中之原料藥大約有 4,000 種，國內經常使用者約為 1,000 種。原料藥在台灣已有近 40 年的歷史，現在此一產業經營愈來愈困難，其原因是傳統原料藥廠大多以化學合成為主，進入門檻較低，再加上近年來大陸及印度挾低廉的工資及生產成本，讓台灣產品喪失原有的競爭力。

　　製藥工業可分為上、中、下游的產業結構,下列簡單作一介紹。

一、上游

　　這一個階段最重要的任務,在於準備藥物加工的原材料。原材料包括一般化學品、天然植物、動物、礦物、微生物菌種,及相關的組織細胞等。其中以一般化學為原材料占大多數,中藥的上游中藥材則主要以植物及少部分由動物、礦物作為原料。近幾年來由於生物技術的進展,利用基因移轉方式,科學家已得到了許多基因轉殖動物與植物,可以直接培植植物或飼養動物來生產藥材,也是上游藥物生產技術的一大突破。

二、中游

　　主要為原料藥工業及中藥材加工業。原料藥工業基本上為有機化學工業,依來源的不同,而有不同的生產方式。由天然物取得者,除了原料的製備如發酵栽培外,主要製程技術在萃取分離及純化;由一般化學品製備者,主要製程技術,為複雜的有機合成及分離純化;由遺傳工程製備者,則有純化與回收製劑工程等。中藥材的加工,則以藥用植物加工、泡製為主。

三、下游

　　下游為製藥業，主要是將原料加上製劑輔料，如賦形劑、崩散劑、黏著劑、潤滑劑等加工，成為方便使用的劑型。「製劑」的意思是指將原料藥經配方設計後，加工調製成一定的劑型與劑量，以利於保存取用，並方便醫師處方及藥師調劑後，交付及指導病人使用。

　　本階段的生產，須符合國內優質藥品製造標準（Good Mamufacturing Practice, GMP）的需求（未來則須符合cGMP）。中藥除了可依傳統方法，將藥材加工成膏、散、丹、丸等傳統劑型外，目前已有許多的工廠將中藥方劑提煉濃縮加工，生產成西藥劑型，稱之為科學中藥。

　　下游的製藥產業，在我國有四十多年的歷史。不過就國內製藥產業整體而言，廠商多、市場小，所以造成國內市場競爭激烈，產業經濟效益不高，結構也不健全，整體發展面臨瓶頸。另外一個造成市場競爭激烈的來源是外銷不易，而為什麼會造成外銷不易呢？除技術外，國內製藥業多以中小型為主，即使是國內第一大製藥公司——永信，相較於國外製藥公司如輝瑞、默克等，亦是差距甚大。

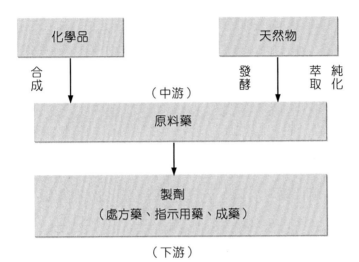

圖 5-4　製藥工業的產業結構

 第三節　醫藥產業機會與威脅

　　我國醫藥產業的機會，不同於其他國家。這樣的機會主要來自於結構性的危機，一方面是全球走入另一個新歷史過程中所遭遇的威脅，另一方面是西藥發展的結構缺失。

一、產業發展機會

　　聯合國在 2007 年 3 月 13 日提出一份報告，指出未來 43 年，全球人口將增加 25 億，到 2050 年總人口數將從目

前的 67 億擴增到 92 億，全球人口結構正從高出生率、高死亡率，轉型為低出生率、低死亡率。由於平均壽命延長，全球人口趨向老化，2050 年時，全球四分之一人口都是 60 歲以上的老人（約 20 億人），比現在增加約 3 倍。為何會低死亡率？這就指出亟須醫藥產業的協助。此外，癌症等若干絕症每年都會奪走上千萬人的性命，而現在人類又遭逢恐怖攻擊的威脅（911 恐怖事件的陰影），以及隨之而來的炭疽病毒、美伊戰爭、嚴重急性呼吸道症候群（SARS）、禽流感的衝擊，更使得二十一世紀的今天，人類遭逢「怪病」的威脅愈來愈大。

面對眾多的疑難重症，對各產業或多或少都受到一些影響，唯獨醫藥產業反而可能是一種絕佳的貢獻機會。尤其是化學藥物有愈來愈多的副作用之際，曾經歷數千年與疾病抗爭過程中所積累發展起來的「中國傳統醫學」，有著完整的理論體系、卓有成效的診療方法，以及豐富的臨床實踐經驗，更有可能在全球化的醫療市場中，扮演中流砥柱的角色。

二、醫藥產業的弱點與威脅

國內經濟的不景氣，對製藥產業的影響有限，真正對台灣製藥產業的衝擊是，我國製藥業先天結構不良，再加上國內市場日漸對外開放，使得整個醫藥產業面臨經營環

境困難的趨勢。

　　總結這些弱點與威脅如下：

㈠結構衝擊

　　台灣製藥業99%所生產的藥劑多屬於「學名藥」（失去專利權再經研發的藥），學名藥是屬於低利的產品結構。在缺乏高獲利創新產品的情況下，台灣加入世貿組織後，藥界已面臨國外藥品的大量進口，其中學名藥的開放進口，使得進口成本降低，對國產藥市場衝擊較大。

㈡發展方向不明

　　中草藥產業的推動，須政策（Policy）、市場（Market）、資本（Capital）、植物基源（Material）和技術（Technic），其中也包括臨床實驗等成功的整合。然而，目前所面對的則是總體發展方向不夠明確，以致於成果無法及時具體。如何找出發展方向，則有助於資源的聚焦。

　　此外，西藥的學名藥不再成為台灣藥廠所能掌握的產品發展方向後，加上新藥研發成本昂貴等因素，台灣的製藥產業現階段正承受著相當的競爭壓力。

㈢研發不足

　　由於原料藥加工成為劑型，其附加價值會提高5倍，所以目前國內所進行的研發工作或技術引進，主要是針對專利過期或即將過期的藥物，進行劑型或製程的改良，而

非從事新藥開發之研究。再加上國內製藥業沒有足夠支持開發新藥的營業額，和足以推銷的銷售網，因此從事研發的能力和意願都不高。

㈣人才資金不足

目前對中草藥資金投入研究，開發仍顯不足。傳統中藥產業僅能遵照典籍中收載之方劑，供中醫師依循古典的中醫藥理論來使用，產業的發展受到相當大的侷限。新興中草藥產業則跳脫傳統中藥的束縛，依循現代西方醫學的新藥開發模式發展，較易為歐美國家所接受。惟其開發期長，投資金額龐大、風險甚高，以目前我國中藥產業的規模與人才，都不足以擔負這個使命。

㈤智財權困擾

我國西藥製造業將面對的是更趨開放的政策、更自由化的市場，及對智慧財產權更完善的保護與尊重，包括專利期限延長、微生物菌種開放專利、舉證逆轉取消。一旦舉證逆轉取消之後，我國藥廠必須直接面對侵犯專利權控訴的法律責任，不再像以前能將舉證責任移轉至外國藥廠。

㈥生存空間小

全世界都在推動中草藥的科學化研究及產品開發，由於國內中小型的藥品廠商相當多，因此常造成惡性的競爭，加入 WTO 後更要面對國外大廠的競爭。換句話說，

國產藥局在醫院的通路主要占兩成（主要因為藥價黑洞的問題），其餘八成皆是外資及進口藥的地盤，在加入WTO之後，國內廠商所固守的診所與藥局仍有失陷的可能，國內業者的生存空間更形狹小。

㈦制度缺欠

目前的醫療費用，是由醫療院所向藥廠買藥後，再向健保局申請給付。醫療院所為求最大價差，常會選擇購買低藥價、低品質的藥品，因此造成高價的藥品無法和低價的藥品競爭。醫療院所高報低買的行為，造成了藥價黑洞的問題，此部分的制度缺欠，對於高品質、投入大量研發費用的公司來說，發展較為不利。

㈧強大競爭對手

大陸醫藥業發展迅速，被視為我國最重要的醫藥競爭對手。中共設立許多國家生物醫藥科技基地，基礎設施完備，以上海市為例，2009 年 1 至 4 月生物醫藥的總產值已達 376 億元，且近 3 年都是以 15%的速度增長。以目前大陸近幾年的發展速度來看，未來必然為不可忽視的強大競爭對手。

㈨中藥原料依賴度過高

中藥產業可分為原料與製劑兩種，中藥原料係指中藥材而言，目前我國中藥業所需的藥材有 97%仰賴大陸供

應，對我國中草藥產業的發展極為不利。道地藥材愈來愈不易取得的原因，主要是種植面積減少，產量隨之下降，而台灣地小人稠，工資昂貴，也不利於藥材的栽植生產。一旦這些中藥原料以某種原因遭到管制後，對於依賴度過高的我國，必然產生受制於人的現象。

㈩國際相互認證

國際間的相互認證，有助於醫藥產業對國際市場的開拓。目前我國在新藥審核上，尚未建立起自主完整的查驗體系，許多驗證尚停留在文書作業階段，並未真正付諸實行，也無法取得國際間的相互認證。

 ## 第四節　醫藥產業的發展戰略

國內新藥審查流程多且不夠透明，為縮短新藥上市審查時程，我國政府 2007 年已取消第二階段的衛生署藥審會，新藥僅須經過醫藥品查驗中心（CDE）一階段審查即可。未來中華民國的醫藥產業，應該發揮主觀的能動力，克服外在的威脅以及內在的弱點，如此才有開創新的生存空間的可能。

一、整合中西醫

透過臨床療效評估，確定以中醫藥治療較有效果的疾

病，結合西方醫學之診斷優勢，互相擷長補短。另由加強
中西醫療結合教育之推廣著手，使中西醫學之從業人員能
互相溝通，攜手合作，期能早日突破現代醫藥衛生體系之
瓶頸，為人類疾病治療的效果再創契機。

二、整合藥廠

　　全球的製藥產業，因新藥的開發成本逐年升高，而收
入受醫療支出成長受限而減少，使得經營上面臨瓶頸。目
前醫藥產業進入整合期，各大藥廠都積極整合，希望經由
併購增強市場競爭力，以便在全球製藥產業爭得一席之
地。反觀我國廠商多屬中小廠商，且生產品項類似，由於
惡性競爭激烈，導致市場過於零碎。

　　根據衛生署研究發現，製藥產業的經營，有相當程度
的規模效應存在，當藥廠規模增加，產銷成本所占營收比
例則下降，大廠獲利能力顯比小規模藥廠為高。因此加強
產業的整合，包括研發、製造、行銷、財務等，甚至各廠
之間的合併，這些都是我國醫藥產業生存發展的必然趨
勢。現階段可以委託製造加工或委託行銷方式，建立各廠
的製造規模與競爭優勢，進而減少市場上不當的削價競爭
現況。

三、建立產業總體形象

嚴格執行 GMP 制度，確實執行後續查廠工作，及提升藥品查驗登記水準等，其目的在建立我國整體優良藥品製造的形象，不容存有僥倖心理的廠商繼續存在。這樣才能在既有的穩定基礎上繼續努力向前，發展出具國際化競爭力的西藥製造業。

四、選定發展目標

選定發展的目標，才能集中力量，結果也較有成功的可能。目前有幾個較顯著的目標，第一個目標針對的是全球流感病毒蠢蠢欲動，抗病毒藥物就非常重要。由 SARS 和禽流感的發生，抗病毒藥物對人類的重要性是無可置疑的，再加上病毒千變萬化（突變及新病毒的出現，如西尼羅病毒），抗病毒藥物的開發必然是新藥開發的重要一環。

第二個目標是找出人類所苦的幾大病因，然後衡量我國能力所能做的，選擇其一或二，形成焦點，進行突破。譬如，目前全世界有超過 1.94 億糖尿病患者，預計到 2025 年，這一數字將超過 3.33 億。在大多數發達國家中，糖尿病列全球死亡原因第四位。糖尿病危害嚴重，主要是糖尿病人死亡率較非糖尿病人高出 11 倍，而且常造成下肢截肢和成人失明的首要病因。全球每年死於此病的人數約為

400 萬人，占全球總死亡人數的 9%。糖尿病及其併發症，對人類健康和生命構成嚴重威脅，給個人、家庭和社會帶來巨大的經濟負擔，造成勞動力的巨大損失和治療費用的快速增長。

第三個目標是隨著全球人類健康意識提升，保健食品的市場需求也持續在成長，相較於醫藥品來說，此領域的進入門檻較低，以天然物為主成分之保健食品，不但市場接受度高，且多為有長期使用經驗的傳統方劑，因此開發保健品也是一個醫藥產業的藍海。

以台灣現有的力量，要全面在製藥領域競爭並非易事，因此必須針對重點領域，集中力量來努力。這個目標至少有兩個方向可以努力，一是我國本土的疾病，二是發展幾千年積累下來的草藥。因為許多疾病的發生，與地區性種族基因的類型有關，如此就可運用過去研究累積的成果，利用創新的方法，治療我國常見的疾病，這樣做的優點是，可與國外大製藥公司產生市場區隔。另外在草藥方面，這是中國人老祖宗獨步全球的中草藥精髓，目前全球植物藥物產值約 220 億美元，平均年成長率約 6.3%。單是華人市場就相當可觀，此領域若能結合預防醫學（甚至治療）的領域，將是台灣廠商的特殊競爭優勢。

五、加強研發

新藥開發能力的有無，是衡量一國的基礎醫學以及製藥工業整體能力的最佳指標。製藥工業是高度依賴研究的產業，唯有研究發展（Research Development）才是西藥製造業永續經營的命脈。當然若能事先聚焦，如醫電整合的應用，則更有助於產業發展的速度。

六、推動國際認證

排除生技製藥投資的法規障礙，以吸引國際生技製藥大廠。來台設廠的同時，如何走向國際化，也是我國西藥製造業的重要出路，因此，我國藥廠優良藥品製造標準（GMP）、優良實驗室規範（GLP）實驗室取得國際認證，優良臨床規範（GCP）執行成果獲得各國認同，就是邁入國際化的必備條件。因此，對於包括美國、歐洲、日本主管單位的法規要求、申請方式、具備資格、認證流程，必須能夠充分掌握。須儘速擴建設立符合國際水準的製藥廠房、研發實驗室的軟硬體設施，並都能按標準作業程序確實執行，由此建立起本土性製藥業國際化的根據地，才能大幅拓展西藥製造業的外銷經營。

七、人才培育

製藥工業是知識、技術密集的產業，從研究開發新藥開始，到成功後的行銷，所需要的各種專業人才多達數十種，因此為提升研發能力，應積極培養人才。對講求研發的西藥而言，人才培育是最重要且須持續性進行的工作。因為法規制度不斷修正，市場環境快速變遷，技術講求精益求精，這都有賴於各類人才，才能發揮功效。各企業若能組成研究開發團隊，發展學習型的組織，培養國際化人才，我國西藥製造業才能蛻變成為有國際競爭力的企業。當然在短期內若不易達成人才培育，也可藉延攬藥品研發、生產及行銷人才或海外人才來台服務作為彌補。

八、瞄準亞洲市場

全世界醫藥市場約 3,000 億美元，超過半導體及電腦之產值，美國市場占三分之一左右，日本占 17%；而亞洲其他國家占全球人口 50%，西藥使用率僅占全球 5%，因此亞洲地區醫藥市場成長率可以期待。

九、善用大陸優勢

大陸得天獨厚的原料藥優勢，雖在製劑新技術和複方品種的開發方面稍弱，但目前大陸的藥理、毒理、臨床研

究正逐漸走向規範化、標準化，不但在技術上有絕對優勢，在費用上也比國際便宜。兩岸若能尋求進一步合作，將更有利於台灣的高效能、優質產品打入大陸市場。

兩岸製藥工業優劣，台灣在品牌形象、設備效能、人工素質、原料價格及同業競爭的條件上較為優越，若能進一步地開放投資，和大陸半成品的進口，並利用大陸的基礎科技能力，從製劑（台灣進行量產研究和研發新製劑，鼓勵台商在大陸產製和行銷）、原料藥（則由大陸進行基礎研發生產初級原料，由台灣從事應用研發，以量產規模來開展國際市場）和中藥（利用大陸藥材進行基礎研究泡製，台灣負責精製、應用研發和品牌行銷）等三方面，來推動兩岸製藥業的合作分工。當然在推動之際，為了提早看到結果，以增強信心，可以先在大陸尋找有價值的基礎研發成果，移轉至台灣，進行應用研究及試驗與量產，也是可行的方法。

十、多角化經營

投入化妝品、清潔用品等相關產業領域，致力推動企業多角化，估計有約三分之一的台灣藥廠已走出傳統的經營模式，跨入其他相關產業。跨足健康食品、OTC產品與處方用藥，以提早產品的上市，及早獲利，推展起來阻力較少，同時較易發揮較大的邊際效益。配合行銷與營運的

國際策略聯盟的策略、彈性靈活的推出階段成果（Phase I、II、III），以獲取最大的投資報酬率。

十一、積極的產業政策

政府的產業政策，應朝下列七方面來共同努力：(1)籌設類似日本大貿易商機構，結合政府及外貿協會駐外人員之協助推廣外銷，並尋找全球商機；(2)協助國內廠商取得國際認證，並提供各國藥政及認證事務的相關資訊；(3)協助國內廠商參加全球商展；(4)輔導業者朝專業化、大型化、自動化發展，以整合資源、提高競爭力及降低成本；(5)協助各國研發專利、法規、市場風險性評估及藥廠名錄等資訊之蒐集；(6)推展國際相互認證制度，建立藥品品牌形象；(7)輔導業界走向國際化，並建立完整之上、中、下游藥物科技及研究發展體系。

十二、強化中藥產業

為能推動中醫藥邁向現代化及國際化，我國產業的當務之急應有十方面的努力，分別為：(1)篩選具發展潛力的中藥方劑，經由技術移轉或兩岸合作研究，開發中藥新劑型，藉以拓展外銷，提高中藥產業之總產值；(2)推動兩岸中藥材合作研究計畫：經由兩岸合作，依地區別分別於重要藥材產地投資設立藥材基源鑑定中心，以確保購入藥材

之品質並保證其療效；(3)科學化中草藥過程很複雜，其製劑須具有五個階段：①基原鑑定，②指標成分分析，③生理活性分析藥效評估，④毒理實驗，⑤臨床試驗，所以應建立中藥療效評估體系，以協助國內完成「中藥臨床試驗」，期望藉由同質化科學研究基礎，提供世界各科技先進國家對中藥療效的認同，進而採納；(4)建立中藥毒性試驗系統，以輔助藥材或新劑型之品質明確化，促進外銷之接受性；(5)透過全球資訊網路，建立技術資訊中心或外聘顧問等方式，以蒐集亞太、歐美等地區輸入法規及市場資訊，協助 GMP 廠拓展外銷；(6)引導「中藥藥品再分類」創造誘因環境，以提高中藥業界施行 GMP 之意願；(7)協助 GMP 中藥廠海外參展，加強宣導；(8)舉辦亞太地區中藥學術研討會，用以發表國內成果並媒介產品外銷；(9)設立天然物研究中心，藉以研發新產品或進行新製程研究，以加強中藥外銷之說服力；(10)建立中藥臨床試驗體系。

Chapter 6

光電產業

　　光電產業已成為二十一世紀,最具有代表性的主導產業。

　　光電產業早期多偏重於航太與國防領域的開發,自1990年代以來,光電技術突飛猛進,光電產品應用領域的層面亦擴及其他產業。中華民國自從1983年將光電產業列為重點發展科技後,三十多年來已成為台灣重要的產業之一。在政府「兩兆雙星」計畫中,光電產業就與半導體位列「兩兆」產業,2005年台灣光電產業的總產值,已突破1兆新台幣大關(1兆1,289億新台幣)。對台灣來說,光電將是繼半導體之後,有可能建構台灣成光電王國的新產

單位：億台幣

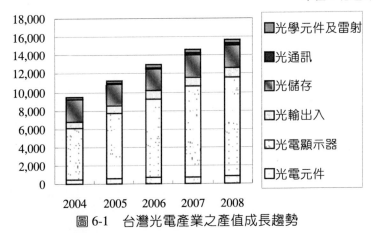

圖6-1　台灣光電產業之產值成長趨勢

資料來源：PIDA, 2006/1

業。因為當前台灣擁有極佳的元件、模組及產品的生產機制，且已逐漸成為世界重要的生產重鎮。

 ## 第一節　光電產業範圍介紹

光電產業已成為眾所矚目的明星產業，但到底什麼是光電產業呢？依據環保署「光電製造業空氣污染管制及排放標準草案（修訂版）」對光電製造業之定義，光電製造業乃指從事液晶顯示器製造（Liquid Crystal Display, LCD）、發光二極體（Light Emitting Diode, LED）之製造及封裝業者。本章所界定的光電產業，係指製造、應用光電技術之元件，以及採用光電元件為關鍵性零組件之設備、器具及系統的所有商業行為。

光電技術是資訊時代的技術基礎，它主要依賴於電子和光子科學的發展，並結合機械、電子、電機、光學、量子學及材料科學等基礎科學，應用於資訊的顯示、儲存、輸出入以及傳輸，衍生出光電顯示（Optical Display）、光學儲存（Optical Storage）、光輸出入（Optical Input & Output Devices）及光纖通訊（Optical Fiber Communication, OFC）等領域，並依據市場之需求，於各領域中發展出形形色色的產品。各項產品或以單一產品之型態，或結合於資訊及

消費性電子產品當中，普遍出現於人類生活周遭。如今，光電科技已成為帶動產業發展，不可或缺的基礎科學技術之一。

　　有學者將光電產業的應用，特別突出於電腦螢幕、行動電話、車用導航系統、數位相機、攝影機、液晶電視及家電等關於發光面板的東西。事實上，光電產業包含的領域相當廣泛，因此就光電產業領域的分類，可以從產品的性質，以及產業組成等方面來說明。

一、光電產業七大領域

　　根據光電科技工業協進會，依照光電使用的性質不同，將光電產業分為七大領域，也是一個可參考的領域。這七大領域是：(1)光電材料與元件；(2)光電顯示器；(3)光學元件與器材；(4)光輸入；(5)光儲存；(6)光纖通訊；(7)雷射及其他光電應用。以上這些領域的特性不盡相同，各有揮灑的空間。

二、光電產業的分類

　　根據美國光電子工業發展協會（OIDA）將光電產業組成，分類如下：

㈠光通信設備

　　包括光纖與光纜及預製棒、光纖通信設備與系統、光

有源器件、光無源器件、光儀表、有線電視光分配網、光
交換系統、全光通信網絡系統。

㈡**資訊光學設備**

光學處理裝置、記憶存儲器件、條碼機、打印機、圖
像處理、網路、傳真、顯示器等。

㈢**非軍用交通設備**

自動顯示內部文件、交通控制系統、光導航設備、駕
駛艙顯示系統、雷射雷達測干擾系統、光學陀螺儀等。

㈣**工業／醫療設備**

機器人視覺、光學檢測和測量、雷射加工、非雷射醫
療設備、雷射光器等。

㈤**軍用設備**

光纖地面和衛星通信系統、航空／航天偵察系統、雷
射雷達系統、光學陀螺儀、前視紅外元件、夜視儀、軍用
導航系統、雷射武器等。

㈥**家用設備**

電視、視頻攝像機、數碼相機、CD/VCD/DVD機、家
用傳真、可視電話、顯示屏、報警系統等。

本節將光電產業的範圍，大致劃分為六大類，分別

為：光電元件、光電顯示器、光輸出入、光儲存、光通訊、雷射及其他光學應用等。下列將其簡單的做一敘述：

一、光電元件

光電元件是泛指將「光能轉換成電能」或是「電能轉換成光能」的元件。「光能轉換成電能」的元件，例如，太陽能電池（Solar Cell）、光偵測器（Photo Detector）等；「電能轉換成光能」的元件，例如，發光二極體（LED）、雷射二極體（LD）等。

光電元件本身應用非常廣泛，包括：⑴國防上：雷射測距儀、雷射陀螺儀、雷射瞄準具、雷射武器系統、紅外線武器、熱像成形夜視器。⑵工業上雷射加工：切割、鑽孔、焊接；機器人視覺系統、影像處理；光纖感測器。⑶資訊上顯示器，如LCD、LED；儲存如CD ROM、HD、隨身碟；照像如相機、數位相機、錄影機；彩色印刷如雷射印表機、噴墨印表機；掃描器。⑷醫學上：外科手術、眼科手術、皮膚癌治療、藥學應用。⑸材料上：冶金應用、材料處理、NDT 檢驗、光學晶體之成長檢驗。⑹生物技術：農業種子照射、細胞刺激反應、遺傳基因改變研究。⑺環境工程：空氣污染研究、雲層厚度之測定、超高層大器之視測。⑻通訊上的光纖通訊：長途通訊系統、都會通訊系統、有線電視系統、區域網路、光纖到家。

㈠光被動元件

　　是與光、電無關的零組件,其種類相當多,其中光連接器(Connector)、光耦合器(Coupler)、光隔絕器(Isolator)所占產值較大,約占光被動元件 80%市場。依目前產量來看,日本、美國仍是主要生產地區,日系廠商掌握原材料供應;至於製造方面,由於光被動元件在所有光通訊產業中技術層次最低,進入障礙不高,雖然毛利相對較低,但頗適合以量取勝的我國業者投入。

1. 光連接器

　　是一種裝在光纖終端的機械裝置,可重複用來做光路徑連接,一般可分為單模及多模連接器。而光纖跳接線則是一條兩端都有連接器的光纖,可作為光路徑跳接用。

2. 光耦合器

　　又稱分歧器(Splitter),是將光訊號從一條光纖中分至多條光纖中的元件,其中以熔接式產品占九成最大,在電信網路、有線電視網路、用戶迴路系統、區域網路中都會應用到。

3. 光隔絕器

　　光纖傳輸系統中有時只允許一個方向光波通過,此時便須光隔絕器來阻止不需要的光訊號。光隔絕器基本上是國際大廠天下,近幾年國內廠商在工研院技術支

援下，漸有自己的研發產品，但關鍵零組件仍仰賴進口。未來在國際大廠釋出OEM訂單，較有實力業者應能由組裝逐步走向產品開發。

㈡光主動元件

　　主動元件是在光通訊系統中，需要用到電能來進行光電，或電光訊號轉換的光電元件，這主要包括光收發模組和光放大器兩種。光主動元件需要較大的投資金額，技術門檻又較光被動元件來得高，需要投注很長的時間與資金，因此是台灣廠商的致命弱點，故現階段投資績效遠不如光被動元件。光收發模組包括兩個次系統，分別是光源與檢光器，前者用作訊號發射，後者用作訊號接收，而光源則是光收發模組的關鍵元件。

　　光電元件應用的場合常是在惡劣環境下，必須承受高溫、嚴寒、濕氣、高壓、噪音或磁場的干擾。同時，又因光電產業終端產品生命週期愈來愈短，故而造成元件加速過時與淘汰的趨勢。

二、光電顯示器

　　隨著平面顯示技術的逐漸成熟，光電顯示器的產業已然成為眾所矚目的焦點，而在持續不斷地研發投入之下，許多新興的光電顯示技術也日趨成熟。自1999年以來，台

灣的TFT-LCD產業在大幅地投資之下，已成為台灣光電產業成長的火車頭。TFT-LCD的產業競爭力，取決於上游材料的高自製率、中游面板的技術能力，以及下游應用市場的多樣性。就我國未來發展而言，由於下游筆記型電腦產量占全球市場一半以上，所以隨著筆記型電腦的發展，薄膜電晶體液晶顯示器需求將會擴大。

此外，光電顯示器中的液晶顯示器（LCD），具有低耗電率（省電）、體積小、不占空間、重量輕、無輻射、畫質穩定、高解析度、高亮度等特色，符合市場對電子產品輕薄短小的要求，故其對新興電子產品的影響已與日俱增。隨著3C整合市場的發展，未來LCD的應用範圍涵蓋手機、數位相機、數位攝影機、遊戲機、汽車導航系統等使用的中小尺寸液晶產品需求強勁帶動。

三、光輸出入

光輸出入的主要產品有：影像掃描器、條碼掃描器、雷射印表機、傳真機、影印機、數位相機等。在光輸出入領域裡，數位相機與投影機市場特別蓬勃發展，所以將其做一說明：

㈠數位相機

在各類資訊電子產品中，數位相機堪稱目前由成長邁向收成的產業，其未來性與發展也被各界一致看好。但因

取代數位相機的產品均不斷地問世，最明顯的就是手機。在手機的功能中，已經有照相的功能，如果畫素與畫質再提高，這對於數位相機產業將是重大威脅。

數位相機產品結構，可以說是朝兩極化的發展趨勢進行，而不論高階與低階的市場區隔，都正在快速的成長階段。

(二)投影機產品

投影機主要構造部分，可分為光源系統、分合光系統、顯示元件（包含光閥與相關零組件）、電子電路及電源系統。投影機由於價格昂貴且體積龐大，過去主要的用途都是使用在企業與政府機構中的簡報，以及學校市場中的教學上，但是隨著投影機技術的不斷精進，體積小且價格實惠的投影機陸續問市，改變了原本以商業和教育用途為主的市場，愈來愈多的家庭選擇以投影機當作家庭娛樂的顯示工具，該產業就在家用市場的逐漸興起帶動下，呈現了蓬勃的發展。

四、光儲存

光儲存的特色是，產業成熟、市場成長趨於極限、產品快速世代交替，但技術尚在發展的獨特現象。目前光儲存產業為我國光電產業中第二大的產業（僅次於平面顯示器產業）。光儲存產業分為兩大部分，一為光儲存媒體

（所謂的光碟片）；另一為儲存裝置，在光學儲存領域裡，讀取頭的開發較為熱門。這主要是因為它在 3C 領域（電腦、通訊、消費性），有極大的應用潛力。

光碟機主要由兩大部分組成，一為讀取機構，包括光碟機讀取資料及碟片承載裝置；另一為控制電路，包括伺服控制、資料讀取及電腦傳輸介面。光碟機（Compact Disk Driver）係利用直徑小於 1 微米的雷射光點，用以記錄與讀取資料之設備。由於雷射光在記錄與讀取光碟片資料時，不會對光碟片造成磨損傷害，資料保存時間較軟、硬式磁碟片長，且具有容量大（高記錄密度）、壽命長、體積小、攜帶方便、成本低、可任意抽換、且讀取時不受表面灰塵影響等優點，使用範圍相當廣泛，可記錄和讀取文字、圖形、影像、聲音視訊及動畫等資料。光碟機可依其應用技術原理分為唯讀型（Read Only）光碟機、可寫一次型（Write Only）光碟機及可重複讀寫型（Rewritable）光碟機等三種類別。

表 6-1　光電產品界定範圍

大分類	中分類	項目
光電元件	發光元件	雷射二極體、發光二極體
	受光元件	光二極體與光電晶體、電荷耦合元件、接觸式影像感測器、太陽電池
	複合元件	光耦合器、光斷續器

高科技產業分析

大分類	中分類		項目
光電顯示器			液晶顯示器（LCD）、發光二極體顯示幕（LED Display）、真空螢光顯示器（VFD）、電漿顯示器（PDP）、有機電激發光顯示器（OELD 或 OLED）、場發射顯示器（FED）
光輸出入			影像掃描器、條碼掃描器、雷射印表機、傳真機、影印機、數位相機
光儲存	裝置		消費用途、資訊用唯讀型、資訊用可讀寫型
	媒體		唯讀型、可寫一次型、可讀寫型
光通訊	光通訊零組件		光纖、光纜、光主動元件、光被動元件
	光通訊設備		光纖區域網路設備、電信光傳輸設備、有線電視光傳輸設備、光通訊量測設備
雷射及其他光學應用		雷射本體	
		工業雷射	
		醫療雷射	
		光感測器	

資料來源：光電科技協進會，2000 年

五、光通訊

　　光纖通訊是以光纖、光纜為主軸，而發展出與光纖產品相關的市場，並衍生出元件市場與設備市場。光纖自1970 年代問市以來，其技術與市場發展已逾 30 年，近幾年來在網際網路風潮使得全球通訊量激增、全球電信市場自由化使新電信建設龐大、通訊方式多元化如傳真、行動

電話、電腦等成為通訊媒介，間接使通訊量增加。在上述的因素下導致人類對頻寬的需求迫切，而光纖通訊以其超高頻率、高容量、低傳輸損失、不受電磁干擾等優勢，取代傳統雙絞線傳輸成為二十世紀末及二十一世紀通訊傳輸的主流。

六、雷射及其他光學應用

雷射及其他光學應用可涵蓋四個領域：雷射本體、工業雷射、醫療雷射、光感測器。至於雷射器方面，包括非半導體雷射器（應用於加工、醫療、儀器、裝飾顯示、圖像、條形碼掃描、敏感技術、測控）；半導體雷射器（應用於加工、醫療、光學資訊存儲、通信、裝飾顯示）。

 ## 第二節　光電產業發展特質

光電產業是跨領域的科技產物，應用範圍極廣，產品生命週期短，資金密集，技術層次高，製程複雜，風險高，發展過程非常複雜，但由於前景看好，產業關聯度也高，目前已成為我國產業發展的重心所在。下列將其特質分述如下。

一、跨領域的科技產物

　　光電科技的特性是，兼具尖端科技與跨領域研究的特質。因為該產業是結合光學、化學、物理、材料科學、電子、電機等技術，所成功整合而成的高科技產業。

二、應用範圍廣

　　光電產業的產品內容很多，譬如影像掃描器、監視器與 LCD 監視器、鍵盤、滑鼠、CD-ROM 光碟機、CD-R 光碟片。隨著光電在通訊、網路、多媒體等領域應用日趨普及，使得光電科技滲透到通訊、資訊、生化、醫療、能源、民生工業等領域，進而可能改變現行的傳統作業型態，可以預見新世紀將是光電產業的世紀。

三、產品生命週期短

　　光電產品生命週期愈來愈短，主要原因有很多，而且也很複雜，但總的來說，可歸納為四類因素：(1)消費多樣化，個性化的求新、求質的時代來臨；(2)國內外經營環境快速變化，尤其是全球化的激烈競爭造成產品淘汰率愈來愈高；(3)法令的變動，如歐洲聯盟 RoHs 法令的制定與實施；(4)替代產品與仿冒品的出現，不得不有更多的研發與創新，有的生命週期短，大約只有 3 至 6 個月，就有更新

的產品推出。

四、資金密集

　　光電產業是高度資本密集的產業，資金不足是關鍵的進入障礙。以建造一座 TFT-LCD 廠為例，所需的資金約為 150 至 200 億左右，其中購買設備就花費將近 130 至 150 億元左右，再加上 30 至 40 億左右的技術移轉金，因此聯貸與現金增資，就成為國內面板製造廠重要的資金來源。

五、技術層次高、製程複雜

　　光電產業製程十分繁複，每一階段皆有可能因操作不熟練而降低產品的良率。事實上，除了光電本身的技術，還需要物理、材料、半導體製程等領域的專業知識，這是環環相扣，技術層次極高。

六、風險高

　　產品世代交替速度快，業者負擔價格下滑的風險也大。例如每提升倍速，價格就更快速下滑，因此各廠商必須不斷淘汰利潤低的低倍速光碟機，推出更高倍速的光碟機，以獲取較高的利潤。這種現象也同樣出現在數位相機。

七、發展過程複雜

　　光電產業要能成功，大致要經過三個階段：第一階段是草創期，資金及技術扮演絕對關鍵的角色，兩者缺一不可。第二階段屬於銷售激增的成長期，企業的形象、智慧的資本、資金取得的速度，是經營的必要條件。第三階段是茁壯期，企業必須注意經營法則，以達規模經濟。方式上可以透過策略聯盟的方式，迅速擴大市場，取得最新技術。所以這一個時期重點在於策略的運用。

八、產業政策核心

　　儘管我國目前已是全球筆記型電腦以及監視器最大的代工生產國，但是我國每年仍須自日本、韓國進口上百億台幣的關鍵零組件（大尺寸TFT-LCD面板）。若我國能自行生產這些零組件，不僅可滿足龐大的國內需求市場，另一方面亦可消弭因關鍵零組件進口所造成對日本龐大的貿易逆差。所以，政府對於光電業的零組件，實踐進口替代政策。不嗇積極鼓勵廠商設廠生產大尺寸TFT-LCD面板，甚至政府本身也投入龐大資源在這個產業。所以我們可以說：光電產業是繼 IC 半導體產業後，政府另一個有計畫建構的重點產業。

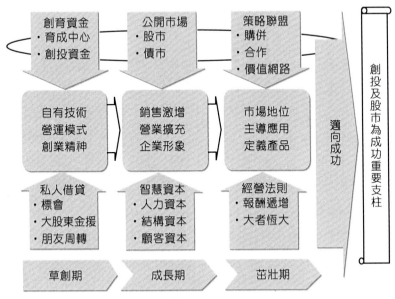

圖 6-2　光電產業發展過程

第三節　光電產業挑戰與威脅

　　光電產業是台灣的新興產業，更是台灣未來製造業的希望，並且形成完整的產業供應鏈（主要群聚於台南科學工業園區）。不過光電產業前景看好，並不代表發展的過程對我國沒有挑戰與威脅。也正因為這些挑戰與威脅，就更加突出我國企業家所具有的特殊奮鬥精神。

一、中國大陸的快速發展

中國大陸約自 1970 年代初期即已投入光電產業之發展，不過早期仍以軍事用途為主，加以欠缺商品化及行銷能力，因此光電產業不具經濟威脅性。目前因大陸當局極度看好光電產業，加上廉價的人力及土地成本優勢，和極具開發潛力之龐大市場規模，因而吸引了來自全球各地的資金及技術相繼投入。大陸光電產業在此環境驅動下，近年呈現出極其熱絡的走勢。十餘年來，中共大力建構優質的投資環境，及一系列的光電產業基地，地域由沿海地區的上海、浙江、福建、廣東，推廣至內陸地區的四川重慶、湖北武漢及陝西西安等地。大陸對光電產業的發展，我國有必要密切注意，並及早做好因應措施。

二、生產依賴度過高

目前許多台灣光電廠商均在大陸設有生產據點，包括光碟機、數位相機、掃描器、光通訊、顯示器等廠商，均已陸續投入西進行列。其中部分台商在大陸的產品，生產比重已超過 50%，如台灣光碟機廠商在大陸生產的比例超過 90%，數位相機已超過 80%，而掃描器亦超過 80%。

三、智慧財產權障礙

　　台灣發光二極體產業，材料結構專利已為世界大廠所有。事實上，智慧財產權的專利問題，在光電產業非常明顯，業者出貨時均須繳交一定比例或金額的權利金予規格制定的聯盟廠商。在受限於專利、高額權利金、支援軟體不足、關鍵零組件無法自主的情況下，我國光電產業在發展速度上，顯然受到重大阻礙。

四、未能掌握關鍵零組件的技術

　　國際市場沒有永遠的贏家，台灣光電產業應多開發新的技術，以提升高品質、低價格的產品，將是未來的趨勢。然而，我國光電產業近年來雖蓬勃發展，但產業在發展過程中，國內光電製程及周邊設備均由國外進口為主。以 DVD 光碟機的關鍵零組件為例，其中包括主軸馬達、控制晶片、光學讀取頭及 DVD 光碟片等，大都均受制於人。最主要是因為台灣由於早期通訊工業受到嚴格的管制，不管在基礎建設與人才培訓，皆遠落後於國際大廠。光纖通訊產業更因為起步晚，再加上產業上有電信法規、資本密集、專利技術等障礙，使得我國業者競爭力薄弱。

五、人才嚴重不足

光電產業需要人才、技術及資金，其中人才尤其關鍵。目前光電產業本土培養的技術人才，尚無法滿足光電廠商未來擴廠的需求。以發光二極體產業為例，有機金屬氣相磊晶生長爐，生產製程和磷化鋁鎵銦及氮化銦鎵等產品結構，我國相關的設計研發人才嚴重不足。

六、市場競爭激烈

有鑑於光電產業未來的發展潛力，歐、美、日、韓等國均投入龐大的資源，進行相關光電技術與產品的研發，並積極爭取全球版圖上的國家競爭優勢。因此未來全球市場的競爭，必然非常的激烈。

第四節 光電產業機會與優勢

90 年代以來我國光電技術發展極快，再加上網際網路的興起，寬頻通信基礎建設日趨完備，致使語音、資料相關應用需求增加，並擴及光輸出入、光儲存、光通訊與光顯示器等各領域產品發展。下列將光電產業的機會與優勢，分述如下。

一、光電產業的優勢

㈠光電顯示器

我國已成為全球筆記型電腦、監視器、手機的製造重鎮，LCD面板內需市場龐大。政府政策提供資金援助、租稅減免、低利貸款等優惠條件，以提升LCD面板廠商的全球競爭力。

㈡光儲存領域

我國廠商的製造成本相較於日、韓等國為低，同時國內廠商積極地擴充產能，加上廠商市場反應能力強，近年來已成為全球光碟片最具量產規模的國家。

㈢光通訊（光纖）

我國廠商市場反應快，可及時回應需求。市場價格具競爭力。

㈣光輸出入（影像掃描器）

全球市場占有率已達 90%，在此基礎上，未來可望繼續提高。

㈤光電元件（LED）

上、中、下游產業結構尚健全、穩定成長；產品開發、大量生產能力強；價格競爭力強；關鍵零組件衛星工

廠健全。

㈥雷射及其他光學應用（雷射加工機）

零件成本低、發包快；系統組裝經驗豐富。

二、光電產業機會

未來的資訊產品，其功能會愈來愈豐富，整合的需求也愈大。其間所需要的關鍵零組件都落在光電領域，這對國內業者來說是一大商機。

㈠國際代工生產機會增加

在價格的激烈競爭下，LCD、CD-ROM 光碟機利潤日趨微薄，日本廠商由於生產成本高，已逐漸棄守CD-ROM 光碟機市場的經營，其所釋出的訂單，我國廠商可積極尋求國際大廠代工生產的機會。事實上，自我國 1994 年開始，生產 2X 倍速 CD-ROM 的光碟機，由於我國廠商在外移中國大陸生產後，產能規模又大幅擴增，自 1999 年起，我國 CD-ROM 光碟機之出貨量已躍居全球之冠。

㈡光儲存領域

可透過茁壯光電上游原材料、設備的產業結構，以進一步提升整體產業的競爭力。

㈢光通訊（光纖）

Datacom 市場的興起，有利於我國廠商的進入。

四光輸出入（影像掃描器）

全球市場占有率已達90%，未來可望繼續提高。

五光電元件（LED）

上、中、下游產業結構尚健全、穩定成長。

1. 產品開發、大量生產能力強。

2. 價格競爭力強。

3. 關鍵零組件衛星工廠健全。

六雷射及其他光學應用（雷射加工機）

電子產業持續發展，將促使國內市場的成長。雷射本體來源漸多，有助於降低整體生產成本。

表 6-2　我國光電產業競爭力分析表

六大分類（代表性產品） SWOT分析	光電顯示器（LCD）	光儲存（光碟片）	光通訊（光纖）	光輸出入（影像掃描器）	光電元件（LED）	雷射及其他光學應用（雷射加工機）
優點（Strength）	・已成為全球筆記型電腦、監視器、手機的製造重鎮，LCD面	・我國廠商的製造成本相較於日、韓等國為低 ・國內廠商積極	・我國廠商市場反應快，可及時回應需求 ・價格具競爭力	・全球市場占有率已達90%，未來可望繼續提高	・上、中、下游產業結構尚健全、穩定成長 ・產品開發、大量生產能力強	・零件成本低、發包快 ・系統組裝經驗豐富

六大分類（代表性產品）／ SWOT 分析	光電顯示器（LCD）	光儲存（光碟片）	光通訊（光纖）	光輸出入（影像掃描器）	光電元件（LED）	雷射及其他光學應用（雷射加工機）
優點（Strength）	板內需市場龐大 ·政府政策極力做多，提供資金援助、租稅減免、低利貸款等優惠條件，以提升LCD面板廠商的全球競爭力	地擴充產能、加上廠商市場反應能力快速，近年來已成為全球光碟片最具量產規模的國家			·價格競爭力強 ·關鍵零組件衛星工廠健全	
缺點（Weakness）	·本土技術人才仍不足夠 ·設備以及關鍵原材料掌握在日、韓廠商手裡 ·整體產	·原材料以及設備掌握在日、韓、歐、美等國，廠商每年須支付龐大的權利金	·我國廠商起步晚，整體發展尚未成熟	·關鍵零組件掌控在日本廠商手中	·政府政策未能全面配合整體發展 ·藍光磊晶技術仍待提升，關鍵原材料仍仰賴進口 ·我國廠商申請到的	·我國廠商規模小、研發支出比例低 ·關鍵零組件自製能力弱

六大分類（代表性產品）　SWOT分析	光電顯示器（LCD）	光儲存（光碟片）	光通訊（光纖）	光輸出入（影像掃描器）	光電元件（LED）	雷射及其他光學應用（雷射加工機）
缺點（Weakness）	業結構有待進一步地強化與茁壯				專利件數少、技術人才亦不足	
機會（Opportunity）	·筆記型電腦、監視器、手機、PDA等產品市場需求量持續成長，我國LCD廠商可積極尋求國際大廠代工生產的機會	·茁壯上游原材料、設備的產業結構，以進一步提升整體產業的競爭力	·Data-com市場的興起，有利於我國廠商的進入	·全球代工市場擴增	·2000年藍光磊晶、白光磊晶技術成熟後，產業自主性即可望提高 ·搭配低價競爭、大量生產能力，以擴大高亮度的藍、白、紅外光產品市場	·電子產業持續發展，將促使國內市場的成長 ·雷射本體來源漸多，有助於降低整體生產成本
威脅（Threat）	·日、韓廠商一方面積極擴充產能，另一方面亦持	·在價格競爭的威脅下，利潤空間縮水。而小廠	·中國大陸廠商興起，逐漸形成我國廠商市場競爭	·我國廠商彼此進行削價競爭，造成價格低、利	·1998年我國廠商進入投產熱潮，造成低價競爭、利潤縮水，減	·中國大陸廠商興起，逐漸形成我國廠商市場競爭的壓力

六大分類（代表性產品）　SWOT分析	光電顯示器（LCD）	光儲存（光碟片）	光通訊（光纖）	光輸出入（影像掃描器）	光電元件（LED）	雷射及其他光學應用（雷射加工機）
威脅（Threat）	續開發高附加價值的新產品、新技術 ·日商駐台技術人員逐步撤回日本，本土技術人才有待考驗	由於缺乏接大單與開發新產品的能力，營運艱困	的壓力 ·我國廠商彼此容易進行削價競爭	潤縮水	低我國廠商的國際競爭力 ·我國廠商專利數少，易遭受國外廠商專利侵權的訴訟	

資料來源：參考光電科技協進會，2000 年 4 月

第五節　光電產業因應策略

　　我國光電產業發展至今，已有 10 年左右的時間，雖然奠定了初步的產業發展基礎，但面臨光電產業快速成長的趨勢，國際間激烈的競爭，以及市場劇烈的變動，台灣光電產業正遭逢一波新的挑戰與威脅。我國光電產業應該應用外部機會，改進產業的弱點；強化產業的優勢，化解

外來威脅。下列提出光電產業較為關鍵的因應策略。

一、跨部門整合

　　光電產業的未來，在強調輕量化、攜帶便利性、低耗電量、高效益等的產品特性要求下，國內產官學界可以整合資源與力量，集中要突破的障礙所在。譬如，在光通訊產業方面，可專業分工為數個領域：負責高密度分波多工器（DWDM）元件及模組的開發技術；研發高速晶片及電子高頻元件技術；投入寬頻網路系統技術；光電材料；微型光通訊模組的封裝技術。

　　此外，由於光電產業的發展，必須有精密可靠的光電檢測技術來提供符合法規與標準的測試與驗證，因此扶植國內光電檢測產業的發展，也是未來跨部門合作的重點之一。

二、跨科技整合

　　光電產業未來的趨勢，必然是跨科技整合，就如光電輸入產品，結合影音的功能，勢將成為趨勢。以用戶迴路端龐大的市場需求趨勢而言，唯有整合光纖主動元件與被動元件的技術，才能強化效率與市場競爭力。所以科技快速整合，是發展光電產業的當務之急。

三、加速研發上游關鍵零組件

研發最重要的一個目的是，提升產業競爭力。目前在各項光電元組件產業中，我國掌握的雖偶有尖端的先進技術，但大多屬於低層次或高勞力密集導向的產品。這些產品的附加價值，隨著鄰近各競爭國及兩岸的競合而快速降低，當未來國際競爭愈來愈激烈，重要光電元組件的自主掌控與能量提升就愈形重要。所以未來我國光電產業發展結構，勢必向上游關鍵零組件產業調整，以取得系統與元件技術整合，降低成本之優勢，才能建立我國的競爭優勢。

目前我國的光電廠商，在全球供應價值鏈上，大都以製造能力見長，廠商也多以承接國外客戶的 OEM 或 ODM 訂單為主。故此，廠商生產的產品，所需的技術不是來自於國外的技術移轉，就是即將進入成熟階段的技術。以 CD-R 光碟機為例，該產品有逐漸被 DVD 光碟機取代的趨勢，國內就應該藉這個世代交替的機會，透過研發全力切入。再以光電輸入產業為例，全力發展影像感測器、變焦鏡頭與噴墨頭等關鍵零組件，才是真正的扎根。因為唯有藉著關鍵技術的掌握，國內相關產業的自主性及獲利能力，方有大幅提升的可能。

四、創造附加價值

　　研發創新終究有一定的限度，在此情況下，若透過製程的改善，或透過不同製程、功能的延伸來發展新的領域，都是可能的手段。譬如，數位相機市場競爭激烈，若能採取差異化設計，結合不同功能及外型，創造不同的市場定位，都可以提高光電產品的附加價值。

Chapter 7

太陽能產業

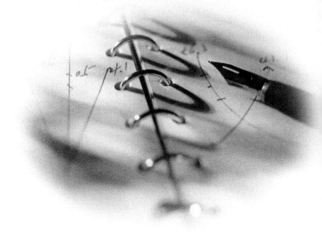

以太陽能發展的歷史來說，早在春秋戰國時代以前，就已經發現如何利用太陽能來達到借光，以取代熱能的目的。在史書中，曾經記載「司烜氏掌水夫燧，取火於日」，和「陽燧見日，則燃而為火」。根據考證，在這當中所指的「夫燧」和「陽燧」，就是類似凹面鏡的聚光集熱裝置。

近代自 1960 年代開始，美國發射的人造衛星就已經利用太陽能電池，作為能量的替代來源。到了 70 年代能源危機時，太陽能電池民生用途的應用，在全球各地開始受到重視。譬如現任印度總統卡拉姆在總統府裝置太陽能冰箱，並讓官邸全面使用太陽能；在西藏，居民常在家門口掛上光電模板，以擷取太陽的能量，到了晚上，就能利用其轉換必要的電能（如電爐或打電話）；又如在非洲一望無際的沙漠中，也常看見一隻頭頂著烈日的駱駝，身上背著太陽光電板。儘管駱駝身上架起兩塊太陽光電板，樣子雖然滑稽，卻能將充足的太陽能轉換成冰箱用電，以運送需要低溫冷藏的疫苗及醫療物資。這些例證都說明，太陽能產業已是全球化的趨勢。

 # 第一節　太陽能產業特性

沒有能源，就沒有人類文明。能源科技的革命速度，趕不上能源的耗竭與漠視，石油 30 美元一桶的廉價能源，

將成為歷史，70 美元甚至 100 美元一桶的「昂貴能源新時代」已經來臨，它對經濟發展與人類生活型態，將帶來重大的衝擊與無窮的商機，這更加凸顯太陽能產業的特殊性——取之不盡、用之不竭、無污染、而且廉價、人類能夠自由利用，且不會被壟斷。可惜礙於受到科技、經濟和社會等因素的限制，至今僅一小部分被人類所利用。不過每當石油價格飆漲時，各國對於太陽能的開發與運用，又會備加的重視。

太陽能產業至今已有 10 年的歷史，最早是日本先投入，其後包括德國、義大利、韓國、美國與大陸業者等均先後跨足。為什麼該產業具有如此大的魅力來吸引各國進入該產業呢？首先就要了解太陽能產業的特徵，總和來說，可以歸納為以下七點：

一、取之不盡

傳統的燃料能源正一天天的減少，尤其是當電力、煤炭、石油等不可再生能源頻頻告急之際，太陽能每秒鐘到達地面的能量高達 80 萬千瓦，若是能把地球表面 0.1% 的太陽能轉為電能（假設轉變率 5%），那麼每年發電量就可達 5.6×10^{12} 千瓦小時，這就相當於目前世界上能源耗費的 40 倍。太陽能除了低污染性、產品壽命長，再加上太陽光不受土地環評限制的特性，長期而言，已成為許多

發展再生能源國家的最愛。

二、運用範圍廣

未來從事登山、露營等休閒運動時，若是把太陽能板揹在身上或掛在胸前，所發的電就能用來打手機、用平板電腦！太陽能技術的應用，自 1950 年代的太空科技，已移轉至一般民生商業用途，隨著成本的降低與環保考量，太陽能電池的使用有愈來愈普遍的趨勢。譬如在高山、離島缺電或燃料補給不易的地區、燈塔、太陽電力站、交通號誌及訊息顯示看板等，以及大哥大基地台、無線通信站等，太陽能都可以成為重要能源。德國近年來發展「太陽能空調」，它是利用太陽熱能來製造冷氣。其假設是，只有在太陽高照時，才會有冷氣的需求；太陽愈大，冷氣需求愈強。換言之，此時的陽光愈強，用來製造冷氣的能力也愈強。

市面較常見的太陽能的應用，大致可分為熱能的「太陽能熱水器」，及光直接轉換電的「太陽能電池」。就前者而言，太陽能集熱器系統的功能，當然在於蒐集太陽熱能、傳輸此一熱能及儲存熱能，以供應使用。透過光直接轉換電的運用，其主要應用在八大方面：(1)家用發電系統：從 20W 至 4kW，視需要量與經濟情況而定；(2)農業：灌溉及抽水等動力系統；(3)交通：電動車、充電系統、道

路照明系統及交通號誌；⑷電訊及通訊：無線電力、無線通訊；⑸備載電力：災害補救；⑹小功率商品電源；⑺戶外定位監視系統與電子式公車站牌；⑻大功率電子發電系統。

三、上、下游呈正三角

太陽光電產業具上、中、下游領域，上游主要有矽材、矽晶片，中游的太陽能電池模組，下游則是太陽光電系統。太陽能產業由於進入門檻的差異，上、下游供應鏈關係呈現正三角形分布，愈往上游愈窄，愈往下游從事者愈多。

四、原料優先性

太陽能上游材料主要為矽、化合物半導體材料等，其中矽（Silicon）是太陽能電池的代表性原料。矽在市場上又區分為單結晶矽（a-Silicon）、多結晶矽（Poly-Silicon）及非結晶矽。最上游的矽材料，因龐大的資本支出與較長的擴產時間，是造成多晶矽擴產不及所形成的供應短缺問題，再加上太陽能產業愈往下游，從事者愈多，也因此，當太陽能與半導體產業都同時蓬勃發展之際，益發凸顯太陽能產業缺料情形的嚴重性與尖銳性。

當然，除了使用矽原料之外，使用薄膜的太陽電池，

也有其特色，尤其具備低價、可大面積化的特徵，因此，扮演著未來可商業化的太陽電池的角色。不過就技術的發展，至今在性能、可靠度及轉換率偏低方面，仍然無法與矽晶圓晶矽太陽電池相比擬。最主要的原因乃在於很難在便宜的基板上，發展出與矽晶圓相同品質及可靠度的薄膜矽材料。

五、需要輔助設備

太陽能電池的基礎原理，為半導體材料及日趨成熟的光電轉換理論。不過陽光僅出現在白天，時常受到雲層掩蔽，當太陽輻射能穿越大氣層，受到吸收、散射及反射等作用，故直接抵達地表的太陽輻射能僅存三分之一，而且有70%是照射在海洋上。如何有效掌握太陽能，以供夜晚或多雲的日子使用，就需要輔助的能源設備加以配合使用。目前太陽的「輻射能」若要轉化為「電能」，所需的設備有蓄電池、太陽能板、太陽能電池、電力調節器、充放電器、變壓器等。

六、市場需求大

一般能源如天然氣、石油等化石燃料，燃燒的過程中會釋放大量的二氧化碳，此將造成全球暖化效應。根據《聯合國的氣候綱要公約》，締約國在日本京都所舉行的

第三次會議，共同簽訂的「京都議定書」中，指示簽約國必須抑制其二氧化碳的排放量，以防止全球暖化及臭氧層破壞的發生。故此，「去碳化」的能源模式已是如箭在弦上不得不發，太陽能產業也因而前景光明。

七、限制多

太陽光照射的面積，散布在地球大部分角落，僅差入射角的不同而造成的光能有異，雖然不會被少數國家或地區壟斷，造成所謂的能源危機，但多少也限制了太陽能。由於發電量與日射強度成正比，因此在山區或遇地形的陰影，都會影響陽光的吸收。為充分達到發電的效果，須面向太陽，北緯地區面向南方、南緯地區面向北方；須具有適當仰角，以吸收最大太陽能量。一般而言，並聯型系統以當地緯度作為陣列仰角；獨立系統以吸收冬天最大能量為主，一般以當地緯度加上 10～15 度作為陣列仰角；設置場所儘量找開闊的地方安裝，愈無遮蔽或降到最低愈好。

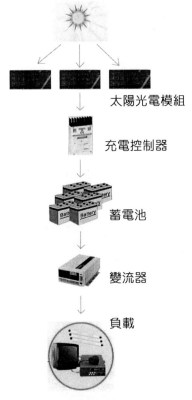

太陽光電模組

充電控制器

蓄電池

變流器

負載

圖 7-1　太陽能產業關鍵零組件

第二節　太陽能關鍵零組件

　　太陽能的利用，主要可分為太陽熱能與太陽光電能等兩大類。當然也可透過太陽能電池提供電力，以水光電解法（Photoelectrochemical Water Splitting）來產生氫氣，將之經壓縮後，儲存於高壓鋼瓶中備用，不過基本上仍以太陽熱能與太陽光電能為主。

　　太陽熱能是蒐集太陽輻射能後，轉變成熱能來利用，如製成熱水、工業製程加熱、製造冷氣或推動引擎發電。其原理是以吸光塗料來吸收太陽熱能，以便將水加熱，完全不牽涉到光電轉換。太陽光電能原理是利用光轉換為電，也有稱為太陽能電池或者 PV 板，為一種光電轉換的裝置。無論是要利用太陽的熱能或光轉電，都有其一定的關鍵零組件。現就太陽能關鍵性的零組件，分別加以說明如下。

一、太陽能電池

　　全球發展太陽能電池最好的國家，就是德國和日本，而我國正急起直追。一般所謂的太陽能電池（Cell），並不同於我們想像的「蓄電池」（Battery），因為它的結構只有薄薄的一片「矽晶片」（約 0.3mm），實際上比一張

名片還要薄，也可說類似超薄的玻璃片，而且它不一定是硬式，也可以是軟性（可摺疊）。太陽能電池在台灣的早期翻譯書籍上，直接引用日文中的漢字，其實不是Battery而是 Cell，所以太陽能電池其實應該稱為太陽能晶片，因為在實際上，最主要的就是需要轉換光能成為電能的晶片（易脆）。

太陽能電池是利用光的能量，直接轉變成電能的裝置。當半導體受到太陽光的照射時，大量的自由電子自然會產生。當這些電子移動，就會產生電流。因此，太陽能電池需要陽光才能運作，所以大多是將太陽能電池與蓄電池串聯，將有陽光時所產生的電能先行儲存，以供未來放電使用。太陽能電池的生產技術並不困難，對於矽晶圓的品質要求也不比半導體嚴苛。在商品化的太陽能電池中，大致可分為：

㈠**單結晶矽太陽電池（Single Crystal）**

特色是成本高、耐用性佳、發電效率高、使用年限較長，比較適合於發電廠或交通照明號誌等場所的使用。

㈡**多結晶矽太陽電池（Polycrstal）**

特色是成本低、耐用性佳、發電效率普通，用於獨立電源。

㈢非結晶矽太陽電池（Amorphous）

　　一般使用在應用型產品，如計算機、手電筒。非結晶矽太陽電池目前仍屬非主流產品，特色是成本最低，不過耐用性與發電效率都無較佳特殊之處。這類型光電池先天上最大的缺失，在於光照使用後，短時間內性能會發生大幅的衰退，其幅度約 15%～35%，原因是材料因光照射而發生結構性的變化。

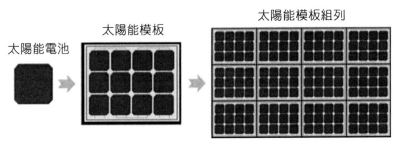

圖 7-2　太陽能電池

二、光電板（Solar Panel or Solar Module）

　　太陽能的光電板是由矽片做成的，只要暴露在陽光下，便會產生直流電的發電裝置。不過，當一塊號稱發電功率為 120W 的太陽光電板，並不一定意味它在陽光底下就能輸出定額的 120W 電力，原因在於陽光的能量並非完

全的固定，僅能說在標準條件下，這塊太陽光電板的確能輸出 120W 的電力。所以光電板亟須定時保養，以保持太陽能板迎光面清潔，達吸收最高。

太陽能板可以製成不同形狀，而且又可連接，故可產生更多電力。光電板主要是在表面塗上或鍍上選擇性吸收膜，來吸收太陽輻射的能量。其上有管路導引工作流體（一般常用水作為工作流體），將吸熱板上所吸收的太陽熱能傳輸到使用端。由於吸熱板吸收太陽輻射能量，集熱板表面溫度提高，為降低與表面空氣之對流損失（或受風影響）及熱傳導損失，因此，吸熱板上方常以透明面蓋，以便與大氣隔離；集熱器周圍及底部，因太陽光並非直接照射，所獲能量有限，故以保溫材料包覆，以降低熱損。故此，較佳的集熱器或吸熱板應該具有高吸收率，以利大量吸收太陽輻射能，同時具低放射率以降低輻射的損失。

三、充電控制器（Charge Controller）

太陽能充電控制器主要是控制電壓，以及控管充電電流的大小。在太陽能系統設計前，應先確認發電最大電流以及操作電壓，並選擇適用的充電控制器，以確保蓄電池的壽命。一般充電控制器只使用於有蓄電池的發電系統中，以保護蓄電池、防止過分充電。大部分的太陽能獨立型發電系統中，均包含了充電控制器，其最基本功能為當

蓄電池飽滿時，主動切斷充電電流。由於不同型式的蓄電池有不同的充電特性，故可依據電池型式的差異而選用不同的充電器。

四、蓄電池（Battery）

電池取決於所要求的蓄電容量、充電電流、最大負載電流以及最小溫度等。獨立型太陽能發電系統，將電力儲存在蓄電池中，當有使用需求時，再由蓄電池供應，這種存電裝置在夜間及陰天時為必要的設備。兩種最常見運用在儲存電力的電池為鉛酸（Lead-Acid）及鹼性（AlkaLine）電池，其中鹼性電池因為相對於鉛酸電池價格偏高，且有環保處理問題，因此除非有特殊的需求，否則並不建議使用在太陽能發電系統，畢竟這與使用太陽能的原始目的不符。太陽能發電系統如作為經常性循環使用，則需要使用專用的蓄電池，此型蓄電池應具有深度放電、多循環使用、密閉免保養等特點。

五、直交流轉換器（Inverter With Batteries）

太陽光強度變化很大，太陽光電板的電壓電流特性則隨之改變，且太陽能光電板所生產電力為直流電，必須透過直交流轉換器，轉換成交流電使用。無論是儲存到蓄電池中或是與市電並聯，均需要直交流轉換器將直流電轉換

為交流電,才能供應給一般電器設備使用。目前全世界最好的太陽能板效率,基本上還不到 30%,因此這也就成為太陽能產品最被質疑的部分。若能在轉換效能上有所突破與改進,就能更充分的運用太陽能。

六、變壓器

不同的國家或地區,經常具有不同電力規格,如果使用的直交流轉換器輸出電力,與當地電力規格不符時,就須要加裝變壓器,其功能為將直交流轉換器所輸出的電力,轉換為當地規格。因為自然能源來源珍貴,選用的變壓器應具較高轉換效率,一般應達到 95% 以上。此外,為提高此系統的安全性,變壓器通常須有隔離保護功能。

 第三節　太陽能產業機會與優勢

能源為國民經濟發展提供動力,也是人民生活的必需品,煤炭、石油天然氣更是重要的工業原料。但是隨著工商經濟高度發展,對各類能源的需求亦隨之急遽增加。各類石化能源在大量開採及消耗下,已呈現日益枯竭的窘境,尤其現在已然造成的溫室效應、酸雨、環境災害等全球性公害問題,對整個生態環境造成莫大的威脅。是故,各國均積極進行新及淨潔能源的開發與研究。在替代性能

源中，無論是太陽能、風能、生質能等，均為各先進國家共同推展的目標，其中尤以太陽能的應用最被各界所看好。因為太陽能每秒鐘到達地面的能量高達 80 萬千瓦，如果把地球表面0.1%的太陽能轉換為電能，轉變率為 5%，每年發電量可達 5.5×10^{12} 千瓦小時，相當於目前世界上能耗的 40 倍。

人類過去在能源技術的創新能力與速度，仍遠不及消費電子的 PC、DVD 等技術與產品革新的速度。但是在能源革命下，新能源革命即將爆發，能源短缺將成為激發人類下一個大革命的最大原動力，未來太陽能產業也可能如 PC 產業一般，出現革命性的成長。尤其在邁入二十一世紀，環保意識高漲，國際原油價格狂飆，太陽能產業在全球各地幾乎都有快速崛起的趨勢。中華民國目前超過95%以上的能源都是由國外進口，因此該產業在我國的重要性又更加地凸出。各國政府現在所推出替代能源的獎勵措施，其中最受青睞的方案，就是太陽能產業。自 1985 年以來，太陽能產業每年以 27%向上成長，最近 10 年更高達37%的年成長率。總結其原因，有下列四點：

一、溫室效應

人類過去兩個世紀大量使用的能源，都是無法再生利用的石化能源，所排放的廢氣已確認是造成地球溫室效應

加速的元凶。目前全球的溫室效應所帶來的氣候急遽變遷，已成為世界各國開發替代能源所必須迫切面對的課題。

二、石油減少

根據太陽能相關研究，太陽照射在地球上 45 分鐘，足供人類活動一年所需的所有能量。隨著傳統能源蘊藏量的枯竭（不管是煤炭還是石油），特別自從 1973 年發生第一次石油危機後，世界各國已警覺到石化能源的獨占性及有限性，因此積極開發太陽能源應用科技，以期利用太陽能源應用之技術，減低對石化能源的依賴性。國際機構預估石油使用年限已經只剩下 50 年，以人類對石油的依賴程度判斷，未來，市場若不積極尋求解決之道，能源短缺危機將無法避免。換句話說，節能的概念，將成為未來新產品功能與設計的主軸，所有耗能產品包括汽車、個人電腦、手機，液晶電視與建築物等，都必須以節省能源作為設計的出發點。因此積極開發太陽能源應用科技，以期利用太陽能源應用之技術，減低對石化能源的依賴性，這是大勢所趨。

三、無污染

現今使用最多的礦物能源，其滋生的問題，不外是廢物的處理、物體不滅、能源耗竭愈多，產生污染也相對增

加，太陽能則無危險性及污染性。中國大陸可再生能源法已於 2006 年 1 月 1 日實施；美國 2007 年也已開始施行加州太陽能百萬屋頂法案。在人類與自然和平共處的原則下，太陽能設備使用得當，裝置系統所需費用極少，則可減少因能源的需求所造成的自然損壞，及減少二氧化碳的產生。所以太陽能可再生能源，已成為緩解能源短缺和環境污染的新希望。

四、台灣水域觀光

正當大陸觀光客喊得震天價響之際，如何凸顯台灣之美，是一項刻不容緩的重要議題。台灣水域常聞到的是充滿臭柴油味，而且馬達又發出噪音的傳統船隻。事實上，這都是可以改善的，只看為與不為。台灣一年大約有 8 個月都是陽光普照的日子，太陽能船只要電充飽，就可以維持時速每小時 10 公里，整整 5 個小時航行於水面上，譬如屏東的大鵬灣、高雄的愛河、南投的日月潭、桃園的石門水庫，以及台北的淡水河都很適合。因此利用太陽能來發展水上觀光，兩者相輔相成，既是特色，又能達到節能與享受台灣青山綠水之美的觀光目的。

當然，太陽能發電還有許多其他優點，如具高度擴充彈性、高度可運輸性（拆解運送）、高架設速度與低廉的建設費用、低廉的運作費用、低度的維護保養需求、無污

染噪音、低度或無廢料處理等低廉外部成本。尤其目前國際油價節節高漲，全球石油資源有限，加上「京都議定書」廢氣減量壓力的環保意識，造成全球各主要國家大都積極研發太陽能來取代礦物燃料發電，以減輕傳統發電方式所產生的污染問題，這些都是讓太陽能產業「發光發熱」的原因。

除了該產業面臨前所未有的機會之外，中華民國亦有發展該產業的優勢，譬如創新能力、製程管理人才素質、技術研發，都是台灣廠商的強項。此外，我國成熟且發達的電子產業，IC相關設備與製程能力，上游有晶圓製造廠可產生太陽能電池材料及廢物利用，再加上 2008 年台灣廠商設備自製率可達 50%，半導體產業擁有高素質的技術人才，這些都有助於台灣太陽能廠商躍上國際舞台，因此我國投入太陽能電池工業是正確的，也是極具發展利基。

 ## 第四節　太陽能產業的威脅

儘管考量環保、綠化與二氧化碳減量等綜合效益，但我國太陽能產業發展至今，仍僅處於起步階段。上游原料大多仰賴進口，下游需求量亦未展開，政府及民間研發人力投入不足，這些都會威脅到整體產業的發展。

一、產業本身弱點

當前太陽能未能普遍化，主因出在矽晶原料短缺，日光照射有別的地域限制。事實上，太陽能在先天上是有它的缺點，這主要是「稀薄的」（Diluted）能源，需要廣闊的面積，才能蒐集到足夠人類使用的能量。其次，太陽能是「間歇性的」能源，無法連續不斷地供應，例如陽光僅出現在白天，而且時常受到雲層掩蔽，因此太陽能必須加以儲存，以供夜晚或多雲日子使用，故有時需要他種輔助之能源設備配合使用。此外，太陽能利用還不是很普及，所以太陽能發電還存在成本高、低轉換效率的問題，更不易跨過的門檻是首期資本投資不菲、單位面積發電電力密度較低、初期裝設成本高、瞬間電壓不高、不適合作為運輸動力等。此外，由於太陽能產業先進技術取得不易，國內電價又偏低，再加上環評把關甚嚴，業者在國內設原料廠的可能性不高，這些都是產業本身的弱點。

二、受半導體產業制約

矽是生產太陽能電池的重要原材料，此種原為支援半導體產業所發展的高純度產品為原料，而這也意味著太陽能產業正面臨半導體產業爭奪矽原料的威脅。當DRAM景氣回升，對矽的需求激增，再加上政府補助及獎勵措施的

鼓勵下，必然會帶動晶矽原料價格的上漲，這將對生產成本不利。故確保原料來源穩定，及如何取得更便宜的晶矽材料，是廠商維持成本優勢的重要因素。因此，如何掌握上游矽材料的供應，就成為產業優勝劣敗的關鍵！

三、產業供應鏈不完整

太陽光電產業鏈的上、中、下游，依序為矽原料（Silicon）→晶棒（Ingot）→矽晶圓（Wafer）→電池（Cell）→模組（Module）→系統組裝（System）。就產業整體而言，由於過度仰賴國際主要供應商，因此對供應商的議價能力非常的弱。台灣太陽能光電產業中，發展比較好的太陽能電池部分，面臨最大的問題就是，製作太陽能光電產品的主要原料之一：矽材，很貴、而且有錢不一定買得到，同時台灣的內需市場不振也是一大挑戰。所以整個產業鏈的結構是，上游矽材來源的穩定性不足（無論是單晶矽及多晶矽電池，全部都是仰賴進口），下游缺乏市場支撐，所以從整個產業鏈來講，是屬於上下緊縮、產業供應鏈不完整的狀況。同時也由於欠缺完整的產業群落架構，因而難以發揮產業價值鏈的綜效。

四、內需市場不振

我國太陽能產業的規模經濟尚未形成，太陽能發電系

統售價偏高，與目前使用成本和傳統電力相比，仍不符合經濟效率，故市場普及率低，仍處於低度開發的階段，這是阻礙太陽能發電系統普及的關鍵。以德國發展作為他山之石，該國大力以政策輔導，讓民宅裝設太陽能板，生產電力，然後給予政策補貼購回，促使當地許多民眾在自家屋頂上裝設太陽能板。因此，台灣要擴大國內的內需市場，以德國為師是可行的。

五、技術操之在人

太陽能將光能轉換成電能的晶片部分容易破碎，而造成太陽能電池無法使用，目前這些主要的太陽能核心技術，我國僅幾家公司擁有部分的專利。基本上，太陽光電等新能源產業，遭遇專利被封鎖或技術瓶頸，因而無法大舉跨入國際市場競爭。這些主要技術來源仍掌握在歐洲、美國及日本手中，且零組件包括電池板、蓄電池、轉換器、控制器幾乎全由國外進口，故我國之太陽能發展，尚有仍許多障礙亟須克服。以太陽能電池來說，目前轉換效率只有 17%，距國際水準 18%～20% 還有一段距離，而少1% 的轉換效率，營業成本就差 7%，所以技術不突破，競爭力就無法超前。

六、中國大陸的崛起

　　全球太陽能產業的發展中，德國和日本市場的發展是產業成長的領先指標，不過，近年美國、西班牙、義大利、中國也開始急起直追。

　　大陸太陽能電池龍頭廠無錫尚德（Suntech），2005 年底成功於美國紐約證交所掛牌後，快速地吸取資金。尚德公司的市值也因而快速增加，並取得充裕資金，能夠以高價金額與美國簽定 10 年多晶矽材料的供貨合約，並兩階段買下全球第一大日本 MSK 太陽能模組廠（MSK 的產品已遍及歐、美及對品質要求嚴格的日本市場），朝下游整合發展。如今已有愈來愈多的大陸業者，依循尚德到海外公開發行模式，以吸取充裕資金，並順勢成為國際廠商，例如已在英國倫敦掛牌的矽晶圓廠昱輝陽光能源（Renesola），以及主要從事太陽光電產品生產及買賣，並在紐約證交所掛牌上市的天合光能（Trina Solar Ltd.），另外還有老字號太陽能電池廠天威英利（Yingli）及矽晶圓廠江西賽維（LDK）。由這些例證可知，彼岸的技術也已受國際業者所肯定，未來的技術發展非常有可能凌駕台灣之上。

第五節　太陽能產業發展策略

　　全球太陽能產業前景看好，中華民國也抓住了這波潮流，發展比較好的部分則是太陽能電池。2006 年我國太陽能產業總產值近 300 億元，以太陽光電為主軸的太陽能產業，就其前瞻性而言，未來有可能成為我國第三個兆元產業。太陽能產業若要蓬勃發展，絕對離不開卓越的研發能力，提升光電轉換效率，建立國際級的技術水準與先進設備，形成規模經濟以降低太陽能產品成本，提升到國際級的技術水準，建構先進設備，拓展國際市場，擴大規模及增加市場占有率，穩定關鍵性原物料與零組件的來源，建立符合國際標準的品牌形象，以利產品順利打入國際市場等。未來我國太陽能產業的發展重心，應針對以上這些要點前進。

一、發展薄膜（Thin-Film）太陽能電池

　　除了傳統使用矽原料之外，發展薄膜太陽能電池是一條有利且可行的途徑，這無疑也指出矽薄膜太陽能電池將成為下一階段的明星。矽原料的太陽能電池，與不使用矽原料的薄膜太陽能電池相較，前者具有成本優勢（實際成本可以降低 5%～10%），而且薄膜技術擁有相當大的技術

革新潛力，應用市場也比晶矽太陽能電池廣很多。

　　儘管現在相關矽薄膜技術尚未成熟，效率僅達 7%，必須提高到 10%，才能跟矽晶圓太陽能電池一較高下。不過就其前瞻性與遠景而言是無須置疑的，特別是它的優點包括：(1)矽料使用量只有矽晶圓太陽能電池的二百分之一；(2)由於電子與電洞傳導距離短，因此矽材料的純度要求較低，進一步降低材料成本；(3)具有較高的吸光效率，發電成本相對偏低。

二、引進相關人才

　　太陽光電科技產業的建立，從上游材料、中游系統元件、到下游工業產品，範圍極廣。其中較為凸出的太陽能產業鏈是矽晶材料、矽晶圓製造、太陽能電池、模版、周邊設備和系統安裝商。產業界一般認為「半導體製程與太陽能電池製程類似，可以給予技術上支援，是台灣發展太陽能電池產業的利基」，但若將製程攤開來細看，兩者入行技術門檻還是很大。因此太陽能研發團隊的建立，以及延攬好的人才加入太陽能的研發團隊，是我國產業發展的重要關鍵。其作法可以引進德國或日本太陽能公司的退休人員，給予技術上的指導，藉此可培植國內矽材料技術人才，並協助國內廠商突破技術等相關障礙。

三、建構產業專利地圖與材料發展

應積極建構太陽能產業專利地圖，匯結國內各產業上、下游的能量，發展自有新興技術；如此不僅能夠區別出在國際競爭上的差異化，更可擺脫台灣產業發展都是以製造與代工為主軸的夢魘。

在太陽能產業的材料發展上，可先推動產業發展與建構優質環境，作為主要的發展方向，並規劃一個完整的材料發展藍圖，同時在每個發展階段，都可選擇與國內現有材料產業在技術、產品等關聯性較大、發展潛力較佳的商品，進行推動投資與材料開發，如矽晶圓、銀鋁漿及高透光低鐵玻璃，如此產業成功發展的機率較大。

四、建立核心技術

太陽能電池產業入行門檻並不高，透過購自大廠的整廠輸入技術，就能製造太陽能電池。不過具有高效率光熱能的轉換，則仍有其一定程度的困難性。若要獲國際市場的肯定，得到大量的訂單，並透過大量生產以降低總體生產成本，非建立核心技術不能為功。目前我國雖已成功開發出轉換效率超過35%的「聚光型太陽能電池」，而且價格更具競爭優勢。該類聚光型的太陽能電池，與目前市面一般的太陽能電池，不論是材料和技術都有不同，加上需

要強大的模組組裝、電源轉換、熱流管理和光學設計等能力，其成功在在都證明需要建立核心技術。不過，2006 年 12 月美國能源部（the Department of Energy）宣布成功突破時下太陽能電池的技術，已研發出光電轉換效率達 40.7% 的新型太陽能電池。產業技術不進則退，所以要從國際同產業中脫穎而出，非建立我國太陽能產業的核心競爭力，則難以為功。

五、建構檢測實驗室

在太陽光電產品驗證過程中，常會面臨驗證成本高、時間長，及國外認證的檢驗報告只註明失敗的項目，卻未提供改善辦法，未來在國內應建構國際級的檢測實驗室，才有助於加速該產業的發展。

六、政府補助

目前幾乎所有新興的再生能源，包括風力和太陽能光電發電等，發電成本仍遠高於現有發電方法的數倍之多，若將成本完全反映在電價上，絕大多數消費者會不能接受，因此，政府補助乃是扶持產業發展之初所必要的手段。政府對使用者若無補助措施，將使得太陽能發電無法與市電競爭。此外，當太陽能終端模組價格不斷上漲，勢必會影響消費者安裝的意願，這樣反而更壓縮市場需求，

造成普及速度下降，導致整體太陽能產業的成長動力趨緩，發電成本也因此無法快速降低的負面影響。故此，影響太陽能能源需求面的重要因素，應是各國政府的補助政策所產生的有效需求。尤其太陽能開發的初始階段，大都離不開國家的支持，所以在幼稚產業階段，保護是應該的，也是需要的。近年來全球太陽能產業欣欣向榮，主要原因之一就是各國政府紛紛以各項獎勵措施扶持業者。1980年國內太陽電池的發展，是在能源基金的支持下，由工研院能源所進行研發而逐漸發展起來。

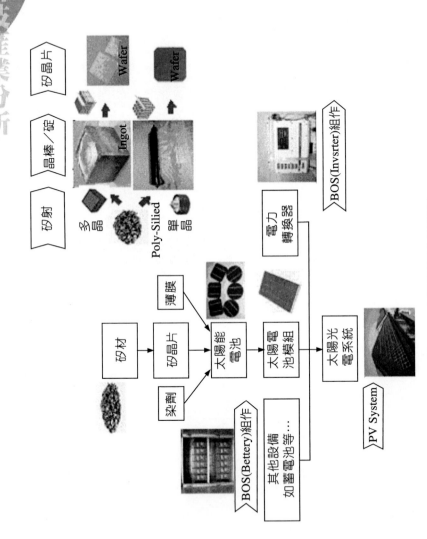

圖 7-3　太陽能電池的種類

Chapter 8

發光二極體產業

在石油價格高漲、能源日漸缺乏的長期實質與心理影響下，如何節省能源，已成為全球各國思考的焦點。有鑑於發光二極體（Light Emitting Diode, LED）比現有傳統照明，省電達到 50%以上，且壽命較一般燈泡長，因此只要有光的地方，未來就有 LED 的發展機會所在。同時也因LED產業的發展與廣大應用，因而更加凸顯該產業背後的商機無限。

中華民國發光二極體的產業，目前是我國光電產業中最具競爭力的產品之一。我國LED產業從封裝起家，由零開始至今，現在已成為全球可見光LED下游封裝產品的最大供應中心。由於該產業發展迅速，未來台灣應該有機會超過日本，成為全球 LED 產值及產量第一的國家。

第一節　發光二極體產業特性

LED的光源已發明四十多年之久，目前發光效率已超越白熾燈泡，並直追螢光光源。它本來是半導體材料，由於這種材料還能發光，所以近年來被科學家引進照明領域。發光二極體屬冷光發光，不同於鎢絲燈泡的熱發光，近年來在環保意識抬頭下，再加上LED固態照明時具有體積小、高細膩度、發光效率佳、壽命長、可靠度高、不易破損、無熱輻射、無水銀污染、耗能少等優勢，更重要的

是發冷光的 LED 將使地球溫室效應減少，由此可見 LED 產業的必要性。

發光二極體是半導體材料製成的固態發光元件，材料是由Ｖ族元素（氮 N、磷 P、砷 As）等，與Ⅲ族元素（鋁 Al、鎵 Ga、銦 In）等結合而成。發光原理是將電能轉換為光，也就是對化合物半導體施加電流，透過電子與電洞的結合，過剩的能量會以光的形式釋出，達成發光的效果。LED燈會因為二極晶圓製造過程中所添加的金屬元素不同成分、比例不同，而發出不同波長的光，目前只能發出藍、綠、黃、紅四種顏色，至於白光的部分，則是多種顏色混合而成的光，以人類眼睛所能見的白光形式，至少須兩種光以上的混合。

發光二極體的種類繁多，依波長可分為可見光發光二極體與不可見光（紅外線）發光二極體等兩類；而依用途區分，又可分為照明用途（強調節能）及非照明用途（輔助照明）。就產業鏈特性關係進行區分，有上、中、下游、應用等四部分，上游主要產品為晶圓製作、磊晶成長；中游產品主要以擴散製程、金屬蒸鍍、晶粒製作為主；下游產業則為產品封裝（封裝主要在於保護 LED 裸晶，並在保護之餘盡可能讓光熱忠實地向外傳遞）、看板組裝，以燈泡、數字顯示、表面黏著式、點矩陣型等產品為主；應用則以大型看板、第三煞車燈、交通號誌、背光

源等產品為主。

表 8-1　我國 LED 產業結構表

	主要材料	材料來源	產品
上游	單晶片	70%國外進口	磊晶片
中游	磊晶片	80%以上國外進口	晶粒
下游	晶粒	98%國內供應	燈泡型 LED、數字顯示 LED、點矩陣顯示器
	樹脂、導線架、模具	100%國內供應	
	金線、銀膠	100%國外進口	
應用	燈泡型、數字顯示、表面黏著及點矩陣等 LED	主要由國內供應	顯示幕、煞車燈、交通號誌、紅外線應用產品

一、產業結構

　　國際大廠皆為整合上、下游廠商，台灣則明顯朝專業分工發展。我國先是從下游封裝做起，所以廠商最多，以往下游產值是中游產值的 3 倍，中游產值是下游產值的 7 倍，儘管下游產值較大，但上游產值的成長性卻相對較強，且逐年縮小差距，目前產業上、中、下游結構漸趨完整。總和數十年來我國LED產業結構所獨具的特色有三：⑴是中小企業多（占企業總家數98%以上）；⑵為以製造零組件見長，產業上、中、下游體系完整；⑶為產業發展

多元，研發投入強度各領域不一。

　　LED的產業結構，大致可分為上游的磊晶片、中游的晶粒製作、到下游封裝成各式各樣應用產品。

㈠　上游主要為單晶片與磊晶片：LED 發光的顏色與亮度，主要是由磊晶材料決定，而磊晶占LED製造總成本的70%左右，對LED產業的發展至為關鍵。在製程順序方面，先從單晶片起，進而結構設計、結晶成長、材料特性／厚度測量。

㈡　中游就是將這些晶片加以切割，形成為上萬個晶粒：依照晶片的大小，可以切割為2萬到4萬個晶粒。晶粒製程順序為磊晶片、金屬膜蒸鍍、光罩、蝕刻、熱處理、切割、崩裂、測量。

㈢　下游則是晶粒封裝，將晶粒黏於導線架，將晶粒封裝成各類型LED。封裝順序為：晶粒、固晶、黏著、打線、樹脂封裝、長烤、鍍錫、剪腳、測試；封裝後產品的類型有：Lamp、集束型、數字顯示、點矩陣型與表面黏著型等。

二、製造程序

　　發光二極體是一種由半導體技術所製成的光源，是繼1950 年代矽（Si）半導體技術發達後，由三五族（III-V族）化合物半導體所發展而成的。發光二極體產業與半導

體製造業，在製造程序上具有極為類似的程序，都是由晶圓開始生產，進而晶圓製造、IC封裝與測試。唯一的不同是，LED 產業的中游亦進行晶粒特性測試，而 IC 業則由下游封測廠負責，原因為 LED 晶粒特性測試較 IC 簡易，且測試項目較少。

三、產業趨勢

　　LED上游屬於資本密集的產業，需要龐大資金，因此新進者跨越門檻的難度高，而且機器設備的折舊都會影響毛利率的重要因素，加上產能良率調整亦屬困難，又有專利權的制衡，所以此族群將形成大者恆大的局面。如LCD TV 對 LED 需求引爆，LED 很有可能出現缺貨的情況，所以未來幾年資本支出的持續性，大者恆大的趨勢將更明顯。

四、貼近日常生活

　　發光二極體由於擁有省電、不發熱等優點，被喻為是未來的照明新科技，可望取代現有照明技術。目前LED大量應用在指示功能，而該領域也是LED最先進入的市場，如今隨著高階手機採用LED當背光源後，LED又打開了新的應用領域。事實上，LED 從 1960 年代誕生後，從紅光LED、綠光LED，一路開發到藍光LED，到 1998 年才真正看到商品化。此後，LED產業開始持續大幅成長，應用層

面也在不斷擴大。

　　LED因具有省電、體積小、環保訴求與開關速度快的優勢，正全面入侵人類生活的各個角落。以高亮度LED產品應用範圍為例，涵括：

㈠ **TFT LCD 白光背光源**

　　彩色手機、PDA、數位相機、筆記型電腦和LCD顯示器與 LCD TV 等。

㈡ **戶外顯示應用**

　　全彩室內與戶外看板、大樓外牆全彩光源、交通號誌與戶外標示等。

㈢ **汽車照明應用**

　　車燈、儀表板與閱讀燈等運用。

㈣ **各式輔助特用照明**

　　手電筒、頭燈、自行車燈、景觀燈等各類燈飾。

㈤ **一般家用與商用照明**

　　未來將取代現有燈泡與日光燈管。

表 8-2　發光二極體在中、美、日各國的使用情形

	努力目標	節能效益	降低溫室效應
中華民國	高亮度白光取代25%白熾燈及100%日光燈	每年節省110億度電,約1座核電廠的發電量	每年可節省5億公升的原油消耗
美國	高亮度白光取代55%白熾燈及55%日光燈	每年節省350億美元電費	每年減少7.55億噸二氧化碳排放量
日本	100%白熾燈	可減少1至2座核電廠的發電量	每年可節省10億公升的原油消耗

　　除此之外,LED在其他領域的應用也逐漸開花結果,譬如,許多作物或花卉已經被證實可用LED來栽培,已成功的部分有:萵苣、胡椒、胡瓜、小麥、菠菜、虎頭蘭、草莓、馬鈴薯、蝴蝶蘭、白鶴芋及藻類。在醫學上,將LED應用於治療惡性腫瘤的光動力療法,也有取代傳統使用雷射光的趨勢。

五、產值高速成長

　　LED誕生在1960年代,從紅光LED、綠光LED,一路開發到藍光LED,到1998年才真正看到商品化。目前被譽為「下波明星產業」的LED,因2012年歐洲聯盟27國禁用白熾燈泡,2014年全面禁售,這使得LED照明比例不斷提升,產值至2017年可達164億美元。

六、客製化強

LED是一個客製化性質非常濃厚的產業，每個客戶對於封裝或是螢光粉的使用都不盡相同，同時晶粒的切割大小也必須切合客戶的需要。

七、兩岸合作

大陸在LED商業化量產上，並不具備相當的競爭力，但因近年來大陸在各機場、車站、證券與廣告看板等交通用途的應用急遽增加，使得LED產業在市場普及率日高的帶動下，發展頗為快速。而且大陸中科院半導體所、中科院物理所、長春物理所、信息產業部 13 至 55 所等，長久以來投入光電半導體領域的研究，實質上已取得突破性的成果。

表 8-3　各國投入 LED 產業發展計畫表

國家	資金	項目	LED 技術目標	
美國	5 億美金	燈具、材料、系統、軟體	發光效率	2020 年達到 200lm/W
			壽命	>10,000hm
			單價	<15 USD/Klm

國家	資金	項目	LED 技術目標	
日本	12 億日幣	材料特性發光結構，螢光體，照明燈具，LED 燈具標準制定	發光效率	2010 年達到 120lm/W
			壽命	>20,000hm
			單價	<5 日幣/chip
			其他	2003～2006 年量產 2007～2016 年普及
歐洲	300 萬歐元	高亮度戶外照明光源		
韓國	40 億韓幣	白光 LED（藍光 LED＋螢光粉）與 RGB 研發（無螢光粉）	2010 年>100lm/W	
台灣		次世代照明計畫		

資料來源：工業技術與資訊，拓墣產業研究所整理，2006/09

第二節　LED 產業發展機會

　　LED應用的市場非常廣，包括資訊、通訊、消費性電子、汽車市場、號誌、看板，以及照明市場。目前較熱門的應用市場，主要是通訊產業的手機背光源及按鍵光源，汽車產業的第三煞車燈、方向燈、尾燈、側燈、車內指示燈、閱讀燈及儀表板，還有號誌、廣告看板，以及照明用LED。LED雖然是個相對成熟的產業，不太容易出現像IC設計一樣極度爆發性的成長，可是在電子產品新應用上，

勢必會帶動整個產業起飛。特別是從消費性電子產品愈來愈輕、薄、短、小的發展趨勢觀察，LED產業其實還有很大的成長空間。

發光二極體（LED）可以產生與太陽光色相似的白光，LED的照明應用，未來將會是照明產業的主流，而且隨著LED上游晶粒廠持續擴充產能，價格下降速度愈來愈快，LED光取代傳統光源的速度也會加快。我國一些公共場所的照明（如交通隧道、街道、公園等），大多是採用傳統的供電照明方式，每天要耗費巨大的電量，每年所產生的電費、維護費也是一個驚人的數目，而且在相當程度上造成了電力緊張的狀況。根據統計，亞太地區國家平均採用LED作為交通號誌燈的，目前還不到一成（新加坡交通號誌已有九成採用LED），若各國交通號誌燈都全面更換為LED，其商機是難以想見的。更何況LED本身具有避免大批蚊蟲聚集的功能，這些都是發展LED的機會。

LED照明應用是屬於下游產業，如果下游能夠發展，這將會帶動上游產業的光源及中游的光電模組，整體來看，LED產業的商機是很龐大的。綜合來說，LED產業發展的前景極佳，主因乃是：

一、取代傳統普通照明

只要是會發光的東西，LED 都有能力取代。大型看

板、一般資訊看板、裝飾燈（聖誕燈）與交通號誌等，這些產品有些屬於公共工程標案，有些屬於季節性商品，雖然一直無法有一個明確數據可以證明這個市場到底有多大，但是這些需求的確是源源不斷的形成強大的力道，支持著 LED 廠的營收。

LED 照明與傳統的普通照明相比，LED 具光色好、耐震性佳、零汞污染、使用壽命長、維護費用低、消耗電力低等發展優勢，這些優勢主要體現在具節能、環保和使用壽命等三個方面。未來最受矚目的應該是取代目前的白熾燈泡與日光燈的照明市場，因此現階段發展上，仍以輔助照明（如手電筒、室內或車內小燈）與建築裝飾用燈為主。儘管如此，若考量到整體使用壽命、省電效率及環保節能等要素，LED 照明設備還有其應用價值。

表 8-4　LED 與其他光源特性比較表

光源	白熾燈泡	36W 螢光燈	5～11W 省電燈泡	白光 LED
發光（hn/W）	8～17	50～60	45～70	30～45
壽命（h）	750～1500	10000～12000	5000～8000	>10000

資料來源：拓墣產業研究所整理，2007/03

二、全球環保意識抬頭

太陽能與LED均是重要的環保節能產業，不過因為太陽只會出現半天，而LED的應用則是全天。由於各國政府的環保政令持續實施，使得含汞的 CCFL、會釋放 CO_2 的白熾燈等各式光源，未來將會逐步遭到淘汰，並改用具備耗電低、不含汞等多項優勢的綠色光源——LED。

三、市場新應用擴大

我國第一家LED工廠的產品，主要是供應鬧鐘和時鐘使用。在經過四十多年的努力後，若以下游產品應用與主要廠商技術發展趨勢來看，LED產業正朝：(1)高亮度；(2)白光；(3)紅外線LED等方向發展。就現況而論，LED切入LCD背光模組，未來發展最具爆發力，但冷陰極管（CCFL, Cold Cathode Fluorescent Lamp）在發光效率與成本上，均較LED具有優勢。不過，相較於冷陰極管的光源，LED更能夠賦予液晶面板更高的附加價值，如提供色彩鮮豔的視覺享受，以及重量輕與省電等優點。在液晶電視逐漸取代傳統電視下，只要價格下滑合乎成本，則高亮度白光LED，將進一步替代傳統的冷陰極管，成為LCD面板的背光源。隨著LED亮度的增加與價格的下降，勢將帶動該產業更大需求。

除電視背光源之外，筆記型電腦的背光源也是新的運用市場。筆記型電腦中耗電量最大的零組件，就是顯示器子系統。降低顯示器子系統的耗電量，是延長筆記型電腦電池續航力的必要工作。在 LCD 螢幕中，若能運用 LED 背光模組，將可省下大量的電力。除了節省耗電外，LED 背光模組亦提供無水銀的環保設計；不必使用高電壓直流－交流轉換器；並且能支援更輕、薄、短、小的螢幕設計。此外，車用顯示器背光源，未來一旦在成本優勢上取得一定程度的領先，屆時 LED 在車用顯示器倍光源的應用，將可望大幅成長。

四、代工訂單機會增加

目前LED市場應用快速興起，大廠雖想運用專利權牽制台系廠商，但在自身產能有限、生產供不應求的狀況下，也被迫放棄部分市場，再加上專利即將到期，因此國際大廠紛紛朝授權收權利金、授權代工的營運模式發展。

表 8-5　LED 的應用與發展方向表

高亮度 LED	自 1980 年後，先有紅色高亮度 LED，之後並將其應用於戶外看板、第三煞車燈等。目前應用已擴及大型全彩化看板、車用照明（車尾燈、方向燈及儀表板）、交通號誌之上，若能在價格與成本上更進一步調整，則有勝出的可能。

白光照明	白光LED具有體積小、壽命長、發熱低、節能、環保等優點,未來成本若能進一步降低,極有機會取代目前的照明設備。
紅外線 LED	隨著可攜式電子產品(如手機、筆記型電腦、PDA等)要求無線傳輸功能之後,支援傳輸的產品將成為商品化的重心,故紅外線 LED 具有長期成長潛力。此外,行動電話、7 吋面板與 NB 面板、車用、LCD TV 等背光源,也都是發展重心。
表面黏著型(SMD)LED	由於通訊或電子產品均邁向輕、薄、短、小之趨勢,因此各式表面黏著產品均可逐漸成長。甚至在建築物外觀上,逐漸普及,廣被應用。

 第三節　LED 產業發展策略

　　未來產業的贏家,將屬於垂直整合程度高且技術掌握能力強的企業,因此產業生存之道,只有找出適合我國產業的利基商品,然後在吸收國際先進水準的基礎上,建立自己產業的研發中心,發展具有自主知識產權的技術和產品,突破關鍵技術,形成產業鏈相對完整的研發和生產基地。

　　就我國而言,未來應該積極進行上、下游與系統業者的垂直整合,包括技術研發、發展低成本生產製程、市場的開拓。在突破關鍵性技術之後,專利的布局與智慧財產

權的保護,則為刻不容緩的當務之急。以下列出我國LED產業的發展,作為參考的方向。

一、朝高價值產品發展

目前全球 LED 發展趨勢,以白光 LED 與高亮度 LED 為主要發展方向,就這一部分全球需求而言,LED的前景是相當樂觀的。但終端產品廠商仍紛紛設法降低相關零組件的採購成本,以期獲得較高毛利,這一部分固然有其需要,但更重要的是如何集中力量,發展更高價值的產品。

二、異業結合

異業結合常能創造出新的產品,所以異業結合是重要策略之一。譬如,國內可以結合 LED 及 LCD 面板製造的兩個成熟技術,在數位電視的時代,創造高畫質電視的新產業。

三、發展車用市場

由於高亮度LED發光效率的提高,配合產品單價的下滑,使得高亮度LED在汽車市場的發展,呈現大幅度的成長。就汽車內外的應用市場分析來看,車內光源的應用仍以高亮度LED為主要市場。車外光源應用市場有大幅成長的趨勢,主要的成長動力為高亮度LED於車尾燈應用比重

大幅度的成長。就供應體系分析,由於LED於汽車領域應用仍屬於導入期階段,產品標準化的程度低,需要車廠及零組件廠共同開發,因此目前主要的供應商仍以一線零組件廠商(Tier One)為主;相對的,與其合作的 LED 廠也是全球一線供應商,我國LED廠商在此市場經營的比重偏低。

四、加強產學合作與研發

LED 技術發展由來已久,我國不論在技術或整合方面,都與歐、美、日本業者有一段差距。近年來除了歐、美、日等大廠,當然也包括台灣及大陸廠商,都積極投入LED先進技術之研發。目前加強產學合作是研發的有利途徑,譬如,我國中大光電系所已研發出「高分子球鋪排技術」,它是透過將 LED 近表面發光原理,讓 LED 發光亮度大為提升,經界業證實可提高40%,封裝測試後,效能更可提高10%以上。未來要更加強產學合作與研發,可集中力量,針對某一特定領域進行突破,如高亮度發光二極體(High Brightness Light-Emitting Diode, HB LED)。

五、發展高亮度 LED 產品

先進各國莫不爭相投入,以研發更高效率與超高亮度的產品,而發展策略的方向是否正確,正攸關著產業的興

衰。高亮度LED未來有很大的空間，LED的亮度效率就如同摩爾定律（Moore's Law）一樣，每 24 個月就會提升一倍。過去認為白光LED只能用來取代過於耗電的白熾燈、鹵素燈，然而在白光 LED 突破 60lm/W、甚至達 100lm/W 後，就連螢光燈、高壓氣體放電燈等，也有被淘汰的威脅。

六、擴大應用

擴大應用是需要智慧的，譬如LED不會放出輻射，故可擴大應用為保護古蹟與歷史建築。目前 LED 產業的大夢，除了前述取代日光燈照明之外，應用產品中最值得關注的，則是背光模組（Backlight Module）、手機、看板、汽車應用，這些將是未來數年 LED 產品應用的主軸。

七、兩岸合作

兩岸LED領域的發展，重點是有所不同的。大陸欠缺的是產品開發觀念，我國業者則是在此一部分具有較高的領先優勢；相對台商欠缺研發能力的弱點，大陸研究單位在官方整合政策後所釋出的研發人力與成果，則是可供運用的資源。如何結合雙方所長，在蓬勃的LED產業領域中建立優勢，與避免未來兩岸LED產業競爭的衝突，是我國LED 產業經營上所需面對與深思的課題。

八、加速建立檢測驗證

過去台灣秉持著以小搏大、分工競合，並且積極追求技術創新的精神，促使台灣的LED產業蓬勃發展，目前已是世界第二大LED生產國，擁有世界最大量產的設備，產業上、中、下游完善的分工體系。但是未來隨著LED新興應用技術的發展，政府與產業界除了不斷地投入技術研發外，也應及早健全 LED 相關產業標準體系，以促進我國LED產業更有競爭力；尤其整個LED產業鏈中各項基礎標準、方法標準和產品標準的制定工作應加快腳步，未來產業的競爭力，除了取決於產品功能與價格外，其檢測驗證將是下一個致勝關鍵所在。

九、產業政策

我國對LED的產業政策尚有許多缺失，諸如技術研發補助僧多粥少、推動獎勵措施不如預期、LED燈具標準尚待制定等。值此政府財政困窘之際，更應珍惜僅有的財政資源，明訂獎勵政策，配合產業界技術，訂定租稅減免適用規格。同時應根據發光二極體未來的發展趨勢，針對研發新產品，訂定相關輔導辦法，提供主導性新產品或傳統工業提升競爭力計畫輔導等，相信這些措施會對光電產業發展有實質性的幫助。

　　整體而言，對於上游產業方面，可置重點於我國產能規模、訂單來源、技術層次（良率、發光效率）、產品穩定度等四點，在下游方面，則可以封裝技術、客戶結構的變化，作為政府切入的焦點。

　　綜合以上九點策略方向，LED產業在實際技術層面，應積極針對LED亮度及壽命提升，其解決方案必須從添置新機台，採大晶粒製程，覆晶（Flip Chip)、封裝材料、光學設計和散熱技術來提升。此外，積極開拓海外市場，打破集中在韓國及中國大陸的市場。因為過度的集中，可能造成產業發展的潛伏危機，所以我國業者必須分散市場，同時發展差異化產品，來避開及區隔市場的競爭。

Chapter 9

薄膜電晶體液晶顯示器產業

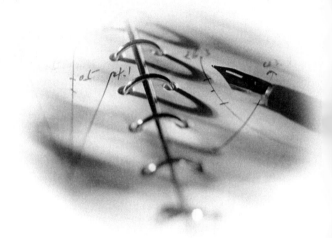

影像顯示產業為我國「兩兆雙星」計畫中，其中一項預期產值可達到 1 兆元的產業，而這項產值理想，已在 2006 年達成（2006 年 10 月底突破新台幣兆元；2006 年總產值達新台幣 1 兆 2,720 億元）。隨著液晶電視的普及，使得該產業的成長性被政府與業界寄予莫大的厚望，其中 TFT 又是當前 LCD 的主流顯示設備，因此，本章將重點置於薄膜電晶體液晶顯示器產業。

第一節　影像顯示器

影像顯示產業未來有可能扮演領導台灣資訊工業的火車頭之一，因為舉凡家電、消費性電子商品與資訊設備，都必須應用到影像顯示技術。目前市場上的許多熱門商品，像是筆記型電腦、LCD 液晶螢幕、平板電腦、數位相機、電子辭典、數位攝影機、PDA、手機、高畫質投影機、電漿電視、液晶電視、汽車衛星導航等，這些商品幾乎都須搭配影像顯示器，由此可見其成長性與爆發性。

現階段當紅的顯示技術，除了 LCD 液晶之外，畫質同樣細膩出眾的電漿顯示技術，以及有機發光顯示技術，都是未來國內積極發展的領域。

一、電漿顯示

電漿顯示器的技術，是由美國伊利諾大學在 1964 年研發成功。當時所顯現的色彩是單一的橙色。「電漿」或稱為離子化氣體，它是在真空玻璃中，注入惰性氣體或水銀氣體，然後再加電壓，使氣體產生電漿效應而放出紫外線，藉此紫外線照射到塗布在玻璃管壁表面上之螢光粉時，螢光粉就會被激發出人眼可接受的可見光，光的顏色由螢光粉的種類所決定，光的亮度則是藉由激發時間的長短來決定。台灣電漿面板產業因為沒有下游的產業，來支撐整個面板上游產業，即使有電漿電視的需求，但也因散熱、高電壓、高價格等問題，使得台灣電漿面板產業的發展，並不如液晶面板產業發展來得順利。

二、有機發光顯示

隨著人類對於顯示器資訊量要求愈來愈大，解析度要求愈來愈高、低耗電量和大型化的需求日甚，無疑地，主動式有機電激發光顯示器技術，未來將成為市場的主流。有機發光二極體（Organic Light-Emitting Diode，OLED，簡稱有機發光）是一種使用有機材料的自發光元件，這種二極體，相較於其他平面顯示技術，具有自發光、高亮度、廣視角、低耗電、面板輕薄、元件結構與製程簡單、高應

答速度等優點，所以有機發光顯示器已經被視為未來重要的顯示技術。但是目前僅侷限於運用在小尺寸和顯示量較少的產品上，如車用顯示器及手機在其他大尺寸產品應用領域上，與其他傳統平面顯示技術比較，仍然無法勝出。主要的原因在於，驅動有機發光體的電路，所需的多晶矽薄膜電晶體成本太高。

有機發光二極體（OLED）顯示器技術，依驅動方式區分為被動矩陣式（Passive Matrix）與主動矩陣式（Active Matrix）。被動式有機發光顯示技術受限於面板的大小，又有解析度低和高耗電力等缺點，前景不樂觀；主動矩陣式前景則難以限量。

三、TFT 液晶顯示

液晶顯示器具輕薄、省電、無輻射、大視角、輕量化、省空間、高解析度、畫質穩定、可全彩化等特色，已成為平面顯示器主流。TFT 液晶顯示的光源設計是採取背光的投射方式。所謂的背光，是指光源由下往上，背光的光源是類似日光燈的螢光管，設置在液晶的背面，接著再透過下偏光板向上投射，並透過液晶來傳導光線，這時液晶分子的排列方式會產生改變，進而改變穿透液晶的光線角度，接著再藉由彩色濾光片（Color Filter）的訊號處理，表現出色彩的變化。

　　除上述三種之外，要特別強調另一種所謂的軟性顯示器，這完全不同於當前的液晶或電漿顯示技術。它是一種充滿未來想像的技術，電影《關鍵報告》中的未來顯示裝置，例如大片弧型透明螢幕、特警手腕上可折可彎的小型顯示器，就是軟性顯示器未來可能的應用。目前結合塑膠與玻璃複合式的初階軟性顯示技術，已經取得初步成功。未來可兼具省電、彎曲特性的軟性隨身娛樂、手持式行動產品，如電子書、智慧卡、電子標籤、電子廣告看板、單色手機、手機次面板等，都將有可能為我國經濟成長開拓另一片天空。

 ## 第二節　產業特性

　　日常生活中可見的顯示平面，例如液晶顯示器（LCD）、有機發光二極體顯示器（OLED）、電漿顯示器（PDP）等，皆是透過顯示器而呈現視覺刺激。這種影像顯示產業屬於資本密集、技術密集、講求經濟規模、量產前置時間，同時又須不斷投資新世代生產線來擴大效益。當生產線夠多，所涵括的經濟切割尺寸就愈多，產品線的彈性調度能力就愈大，對於企業獲利則相對較高。

　　薄膜電晶體液晶顯示器的產業特性，基本上有五大項：

一、廣範疇應用

有愈來愈多的日常生活用品，是以面板為其使用材料。薄膜電晶體液晶顯示器面板產業，主要應用領域可分為筆記型電腦、薄膜電晶體液晶顯示器、液晶電視、影音產品、資訊產業等市場。不同的產品，需要不同特性的顯示面板，如電子紙、電子錶、手機、家電產品顯示面板等。從下游產品運用多元化的角度來看，生產者大多依客戶個別需求設計生產，係屬多樣少量的生產方式。

二、資本、技術、勞力密集共存

面板製程依工序可區分為三大階段，這三階段屬性各有不同，第一階段是資本密集，第二階段是技術密集，第三階段是勞力密集，所以該產業資本、技術、勞力密集共存。TFT-LCD產業與半導體產業類似，屬資金、技術與人才密集之產業，三者缺一不可。就資本密集而論，薄膜電晶體液晶顯示器產業必須隨著TFT-LCD廠商，不斷進行新世代的設備投資，故屬於資本密集產業。以建構面板一條七代線為例，所需投資的金額幾乎達到1,050～1,100億元，單以資本投資角度來看，已經超越半導體晶圓廠，成為最大的吸金機器。連最便宜的彩色濾光片的建廠資金都需要40～50億新台幣，雖然比起面板廠費用要少，但仍屬於資

本密集的產業。此外，TFT-LCD產業對土地需求也極為密切，譬如在擴建新廠時，動輒就需要使用一、二十公頃的龐大土地。

三、上、下游產業趨於整合

原料是面板產業競爭力的重要關鍵，上游原料諸如導電玻璃、偏光板、彩色濾光片、背光板等掌握度，是該產業不受制於人的必然要件。除向後的整合之外，同時，面板廠在客戶要求交期愈短的前提下，正整合由面板至下游模組的組裝一貫化的製作，以縮短產品的交期。綜觀之，未來產業朝上、下游整合的趨勢，將是無法避免的潮流，相對目前專作後段模組組裝的廠商，若不思考未來轉型的布局，恐有被替代的危機。

四、激烈競爭

TFT-LCD產業發展的速度極為快速，當TFT-LCD面板的產量擴大後，產品價格就一直往下修正，隨著價格不斷下滑，應用TFT-LCD作為顯示幕的新產品也不斷被開發出來。消費產品不斷地推陳出新，客戶為因應此前提，乃要求廠商在產品打樣速度快、交期短，以避免錯失變遷快速的市場商機。

五、成本結構趨於固定

　　隨著液晶電視成本結構愈來愈固定之下，面板上游各項材料的使用也愈固定。未來不論是開發何種新材料，除非能比現有材料提供更低的成本，否則將無法撼動原有材料的市場地位。

表 9-1　TFT-LCD 製造成本結構

成本項目	所占比例	成本項目	所占比例
彩色濾光片	13%	靶材	1%
偏光板	6%	建物設備攤提	13%
其他 Cell 工程材料	2%	人事成本	6%
驅動 IC	10%	其他	16%
背光模組	8%	銷售經費	8%
其他模組材料	9%	R＆D＋權利金	6%
玻璃	2%		

資料來源：工業技術研究院

圖 9-1　薄膜液晶顯示器組合圖

 第三節　TFT-LCD 產業關鍵
　　　　　　　零組件

　　產業鏈由下游到最上游的材料，都是產業分析不可或
缺的重要一環。TFT 面板所以能呈現彩色的影像，主要就
是靠彩色濾光片，背光源透過液晶及驅動 IC 形成的控制
光源。以下就薄膜電晶體液晶顯示器產業關鍵的零組件，
進行概括式的說明。

一、液晶材料

液晶是介於固體與液體之間的物質，是一種有機的分子。不同結構的液晶，會產生不同的光電性質，這是構成顯示用的重要元件。LCD（Liquid Crystal Display）是利用液晶所做的顯示元件，這種用液晶所做成的顯示元件，稱為液晶顯示元件或液晶顯示器、液晶面板或 LCD（Liquid Crystal Display）Panel，或單純稱為 LCD。TFT-LCD 的液晶材料在低溫環境中會凝結、高溫則會損壞，同時對於塵埃以及震動都極為敏感。

二、彩色濾光片（Color Filter）

在面板的製程中，每片LCD的面板，就需要搭配一片彩色濾光片。彩色濾光片的基本結構是，由玻璃基板（Glass Substrate）、黑色矩陣（Black Matrix）、彩色層（Color Layer）、保護層（Over Coat）及導電膜所組成。彩色濾光片會使液晶顯示器呈現亮麗、逼真、鮮豔的畫面，當不同強度的光經過彩色濾光片時，由於彩色濾光片上所塗的紅、綠、藍不同的彩色濾光膜，就會產生濾光的效果。不同顏色的濾光膜，則產生不同的色光，因此便使平面顯示器產生全彩化的畫質。

彩色濾光片是TFT生產線極重要的戰略物資。為了掌

控此關鍵零組件,許多TFT業者自行成立彩色濾光片廠,
或是與彩色濾光片廠建立密切的策略聯盟關係。

三、背光模組

　　背光模組是產業中不可或缺的要角,它主要提供液晶
面板均勻、足夠的亮度來源。由於LCD不是自發光性的顯
示裝置,因此必須藉助外部光源來達到顯示的效果(光的
亮度愈高愈好)。背光模組的性能好壞,會直接影響到
LCD的品質。它的構成是由光源、稜鏡片、導光板、擴散
片、反射片、保護膜及光學膜等零件組成,其基本原理是
將常用的點或線型光源,透過簡潔有效光,轉化成高亮度
且均一輝度的面光源產品。現階段背光模組可分為前光式
與背光式兩種。背光模組雖由多種部分所組成,但最主要
的結構則分為以下五大部分。

㈠發光源

　　常見的發光源有冷陰極螢光管、熱陰極螢光管、發光
二極體LED,其中冷陰極燈管具有高輝度、高效率、壽命
長、高演色性等特性,但以發光二極體LED的潛力,未來
極可能取代冷陰極管。

㈡導光板

　　主要功能在於導引光線方向,以提高面板光輝度,及

控制亮度的均勻。

㈢反射板

一般側光式背光模組的反射板，放置於導光板底部，將自底面漏出的光反射回導光板中，防止光源外漏，以增加光的使用效率。

㈣擴散板

擴散板的主要功能，為的是提供液晶顯示器均勻的面光源。

㈤增亮膜

藉由光的折射與反射來達到凝聚光線、提高正面輝度的目的，以增加光線自擴散板射出後的使用效益。

四、偏光板（膜）

當光線發生反射及折射眩光時，這樣的光容易造成眼睛疲勞及不舒服的感覺。若使用偏光板來過濾，則可使光線變得柔和，如此自然可延長視距。因為液晶本身不具有遮蔽光的控制功能，因此須借助偏光板來達成，所以偏光板為液晶顯示器中重要的關鍵零組件。目前液晶顯示器的品質，為因應大型化、車用以及中小型尺寸等不同客製化的需求，所以偏光膜也需要不斷地朝高亮度化、多功能化及高附加價值（如耐刮、抗眩、抗反射及廣視角等）發展。

五、驅動 IC

台灣早期開始發展驅動 IC 產業，主要是以生產 TN/STN 面板用驅動 IC 產品為主，開始投入大尺寸 TFT-LCD 面板用驅動 IC 的時程，約在 2000 年下半年。驅動 IC 的主要功能，便是在接收來自 LCD 控制 IC 的指令，輸出每一個畫素所需要的電壓，使影像及訊號可以正確地呈現於面板上。LCD 驅動 IC 設計複雜度不高，LCD 驅動 IC 與傳統 IC 最大的差別，就在於高壓高頻的設計與製程技術，因為生產的過程必須配合高壓製程來生產。

六、玻璃基板（Glass Substrate）

玻璃基板就是構成 TFT-LCD 面板的兩片素玻璃，它同時也是彩色濾光片的關鍵材料。一片 TFT-LCD 的素玻璃，厚度僅約 0.7～0.4mm，且厚度必須平均，因此技術門檻很高。為了因應 TFT-LCD 面板輕薄平大的要求，玻璃基板在平面起伏、表面粗度、密度、比重等品質上，均有一定的標準，因此對於基板的耐熱度、化學、機械、電氣等性質，均有參數上的限定。整個玻璃基板的製程中，特別是在高溫的熔爐中，將玻璃原料熔融成低黏度且均勻的玻璃熔體，這不但要考慮玻璃各項物理與化學特性，並須在不改變化學組成的條件下，選取原料最佳配方。

　　玻璃廠有如顯示器產業的晶圓廠，當生產玻璃基板的熔爐一旦啟用，就必須不停地運轉；如果沒有足夠的需求量來支撐，過度的產出將會造成玻璃基板廠商巨大的虧損。玻璃廠由興建至可投產，約須耗時 1.5 至 2 年的時間，產品的生命週期可享受長達 4 至 5 年。隨著 TFT-LCD 朝向更大尺寸發展，因增加運輸過程中破損的可能性，所以主要的玻璃熔爐建置計畫會同時採取靠近客戶端。

第四節　薄膜電晶體液晶顯示器產業機會與優勢

　　薄膜電晶體液晶顯示器產業的機會，最為明顯的是，顯示器已成為人與機界面最佳的溝通橋樑。隨著各國各種數位、行動等內容服務興起，液晶電視、手持式、車載機顯示器市場將成為應用市場的新興機會，都將是台灣拓展面板產業最好的發展良機。未來不論是消費性、娛樂性的電視市場，或是結合生物技術與健康照護功能，成為智慧性的顯示裝置，都在說明顯示器的新需求不斷在擴大之中。尤其是各種感測器整合到顯示器，使顯示器的功能從過去追求輕、薄、高精細等視覺感官體驗，進一步攻占觸覺、聽覺、嗅覺、體感等五感領域。

　　除總體面的機會之外，我國薄膜電晶體液晶顯示器產業的優勢，也讓國際刮目相看，尤其是面板廠的垂直整合程度愈來愈高，產品開發的速度愈來愈快，市場的拓展也漸有斬獲。

一、政策扶植

　　我國大型 TFT-LCD 發展較日、韓晚了近 10 年，但基於資訊電子及半導體產業的製造優勢，以及我國平面顯示器產業在「兩兆雙星」願景下，政府傾全力予以支持。台灣平面顯示器產業有今日的成就，除廠商策略成功與積極努力之外，政府協助產業上、中、下游的垂直整合，促使台灣顯示器產業從原物料、設備及關鍵零組件，到最終的消費性電子產品，逐步邁向國際化及自足之路，特別是經費支援以及產業標準功不可沒。

　　就建立產業標準部分，針對平面顯示器等產業，政府協助產業建立膜厚、線寬、表面電阻、微波材料特性量測等標準，以提供產品開發所需的設計、製造及檢驗能力，目前正著手建置影像顯示產業標準及平面顯示器驗證技術，讓業者可以在國內迅速完成標準追溯，提升國際競爭力。

二、產業群聚成型

　　我國影像顯示產業結構，在政府與廠商的齊心努力下已日趨完整，TFT 產業生產群聚，從北部的新竹、龍潭，一直到友達的中部科學園區重鎮，一直延伸至台南，在西部縱貫線上，形成一道狹長的量產群聚。桃園、台中中部科學園區及台南 TFT-LCD 產業群聚園區，正顯示中華民國逐步形成 TFT 產業群聚效應，這將有助於該產業的整體國際競爭力。

三、上、下游供應體系完整

　　台灣在 TFT-LCD 生產地位的重要性，吸引了上游關鍵零組件國際大廠來台投資，在數個科學園區和工業區形成關聯性產業群聚，供應體系逐漸成形。自給的比率已超過由國外進口的比率，因此生產成本得以大幅降低。同時，由於該產業持續蓬勃發展，再加上國內業者採用國產設備的意願有轉強的趨勢，不再像以往完全仰賴美、日設備。

四、市場需求趨勢增高

　　視覺享受主義的抬頭，LCD 的需求量，促使大尺寸平面顯示器需求大幅成長，隨著消費者慢慢淘汰傳統笨重的映像管電視，換成輕薄的 LCD 大螢幕而持續增加。目前大

尺寸面板的應用領域，以液晶監視器、筆記型電腦及液晶電視等為主要產品。由於 PC 產業已逐漸邁入產品生命週期成熟期的階段，預期驅動液晶產業下一波成長的主要動能將轉為液晶電視產業。此外，iPhone 觸控螢幕興起，觸控面板需求因而迅速提升，必能有利我國面板產業的蓬勃發展。

五、研發實力

過去TFT-LCD技術開發與量產，係圍繞日本廠商為中心發展，但如我國業者的高度競爭已經取代日本廠商的領先地位。此外，就該產業鏈而言，國內面板零組件及設備商已逐步跨越技術門檻，不僅本土化比重持續提升，並且成功打入日、韓供應鏈，有助於整體產業的成長。

六、降低成本能力升高

降低材料成本，才有市場競爭力，這是經濟學的基本道理。有鑑於材料在LCD的製造成本占有非常高的比例，在實踐上，我國產業乃不斷提高各製程的良率，以大幅減少材料的耗損，這是我國薄膜電晶體液晶顯示器產業的優勢，也是突破市場的重要途徑。

上述所列種種顯示，中華民國平面顯示器產業已具全球競爭優勢，上、下游產業結構健全，所以該產業值得我

國大力推動與發展。

第五節　薄膜電晶體液晶顯示器 產業劣勢與威脅

2005 年我國在大尺寸面板上出貨量已超越韓國，2006 年在大尺寸 TFT 面板產值上也首次超越韓國，成為全球第一大面板供應國。TFT-LCD 產業固因產值而呈跳躍式大幅成長，表面上看來一片榮景，然而背後卻潛藏著缺乏關鍵自主技術、體質並不十分健全之危，與廠商獲利有限的隱憂。故此，產業必須隨時密切注意國際產業動向，與可能潛藏在產業內部的風險。特別是該產業仍有其劣勢與威脅，分析如下。

一、法律規範與約束

該產業一方面會面對國際反托拉斯的法律約束，另一方面在生產過程中能否充分運用中國大陸廉價生產資源，也受到我國法律的嚴格約束。就前者而言，2006 年 12 月中，美國、歐洲與南韓反托拉斯當局，開始對全球面板產業爆發涉嫌操縱市場價格，展開如火如荼的調查，南韓三星電子（Samsung Electronics Co.），以及台灣和日本的面

板廠商，都面臨有史以來最高的天價罰鍰。由於中華民國面板生產廠在全球市占率達 40%，因此，我國每家面板廠都無法倖免地遭到調查，這必然會影響到我國產業未來是否可以聯合減產，以因應市場需求的變化。

對於 TFT-LCD 高科技產業的部分，如投資 4 吋以下薄膜電晶體（TFT）液晶顯示器面板模組中段製程（切割、裂片及灌液晶製程）的重大投資案件，除書面審查外，公司負責人還須通過部會首長的面談審查，才能進行投資。政府擔心「產業外移」效應，限制企業投資大陸上限不得超過淨值 40%。在產業面對強大全球競爭時，對於阻止產業全球布局（如 TFT-LCD），這都會形成一種挑戰。

二、人才供應不足

整體來說，全球 3 至 5 年經驗以上的 LCD 資深工程師寥寥可數，而這些人才又集中在日、韓等國，挖角不易。未來人才供應，將是台灣面板業的第一大隱憂。在科技產業中，專業能力極為重要，對個體的公司來說，人才保留以及招募更多有相同技能的科技人才，對公司有更上一層樓的作用。

三、具體成果與實際需求仍有差距

我國面板上游材料廠由於研發時間晚，不論是技術來源或是關鍵零組件，仍仰賴日本母廠支援。尤其在面板市場朝向更大尺寸的液晶電視發展趨勢形成時，對日本關鍵零組件的依賴反而更深。例如，彩色濾光片兩大技術母廠凸版印刷（Toppan）及大日本印刷（DNP）、偏光片關鍵材料三醋酸纖維素（TAC）、背光模組中的擴散膜及增亮膜，以及各種精密的膜片貼合技術等，都出現這類情形。

四、市場進入障礙

較不具進入障礙的產業，則容易遭逢更多的競爭者。手機面板占整體中小尺寸面板市場比重達六成之高，可是手機面板由於認證時間長、產品生命週期短、技術要求高，面板廠在進入市場初期，難度相對較高；然而若是放棄了手機面板市場，等於流失了重要利基的市場，也因此在高進入障礙的情況下，將明確壓縮產業後續的生存空間。

五、面板價格波動不穩定

一個產業的崛起與發展，通常來自市場需求的拉力以及技術的推力。其實TFT-LCD的產能之所以能在這幾年快速成長，一方面是為了達到規模經濟，另一方面則是樂觀

看好 LCD TV 的前景，所以 TFT-LCD 的產量突然進入供過於求的階段。可是金融海嘯造成景氣突然反轉，下游面板廠減產，面板零組件的供應鏈也紛紛被動減產，包括驅動 IC、冷陰極燈管、背光模組等，都成為面板廠首波砍單目標。面板廠由於固定資產的投資相當大，一定要有產量，才能符合成本。當面板價格波動不穩定，對該產業就是一種威脅。

六、降低成本趨勢快速

全球 TFT-LCD 面板產業面臨的經營困境，致使面板廠為求生存須使盡各種手段，降低面板生產成本。當興建次世代面板廠加大基板的尺寸，所能帶來的經濟效益已達極限時，降低材料成本已成為各面板廠商努力的必然方向，這是一個不以個人意志為轉移的趨勢。

七、韓國與大陸的威脅

目前全球大尺寸 TFT-LCD 面板產業主要分布在東亞地區，包括我國、韓國與日本，以及後來加入競局的中國大陸。日本雖然逐漸退出大尺寸的擴產競賽，然而對於高附加價值的大尺寸電視市場的技術，卻仍積極研究與布局。現階段我國最大的對手當然是南韓，南韓比我國早 6 年以上進入這個產業，上、下游整合完整，自主性高，再加上

領頭的三星和 LG Philips 的品牌及全球通路，完整程度是台灣業者遙不可及的目標。此外，韓國顯示器產業的發展策略，是以大規模資本投資及主導新世代規格，達到技術創新、規模經濟生產為目標的策略。三星、LG 集團等大廠，不斷規劃投入次世代面板生產，已對我國顯示器產業形成強大威脅。

除了上、下游兼備的南韓，以及掌握尖端技術和強勢品牌的日本外，中國大陸近年的動作頻頻，未來不排除成為光電面板大國。儘管現階段中國大陸產業的能量不足，短時間無法完全滿足生產液晶電視所需要的面板，關鍵零組件又無法掌握，同時我國面板廠無論在技術、規模、產業群聚等均優於大陸面板廠。不過在大陸計畫經濟策略扶植下，面板零組件業者聚焦大陸已成趨勢，如背光模組、液晶模組（LCM）等產業的重兵，已在大陸集結布局，同時薄膜電晶體液晶顯示器產業舉足輕重的夏普（Sharp），與上海廣電攜手設立六代面板廠，以彌補夏普目前嚴重不足的電視面板產能，上海廣電因此取得電視面板的生產技術。未來夏普給新友達的電視面板訂單恐將不保，同時大陸面板廠勢將大幅提升技術，威脅台灣面板產業的地位。

八、技術變化

隨著時代的進步，人們對顯示畫面的尺寸、顯像品

質、輻射量的大小要求也愈來愈嚴苛。90 年代日本將LCD技術移轉至台灣，意外的讓台灣廠商在大尺寸面板領域稱霸一方，此後日本便對技術輸出採取極度保守的態度。以往將開發完成的新技術移轉給廠商，前後至少需一、兩年，在產業技術世代交替迅速的現今，既有技轉模式顯然不足以協助廠商應付產業脈動的迅速變化。此外，從國內面板業這幾年的發展看來，在核心技術的掌握上仍舊不足！

九、專利不足

我國面板產業常因技術問題而受到專利侵權糾紛之苦，致使開發時程及利潤空間受制於人。為求產能擴充，國內許多TFT-LCD量產技術移轉自日本，廠商累積之自主專利不多，不但要應付日本廠商要求提高專利權利金，更有甚者，當國外廠商以「蟑螂專利」索取權利金時，國內業者還須舉證該專利無效，才能免於當冤大頭；為此，業者勢必疲於奔命。

 ## 第六節　薄膜電晶體液晶顯示器產業策略

中華民國由於具有液晶電視製造所需的面板生產優

勢，再加上原有良好的電子製造業基礎建設，因此，在這一個液晶電視國際市場高度成長的時間點上，本國產業者要以何種競爭策略以獲得最佳的優勢，便成為一個重要的議題。

一、強化產品設計與組裝

背光模組零件多、供應鏈長，但是利潤卻有限，再加上跌價速度快，經營者一旦有閃失，手上庫存便增加，獲利可能被庫存跌價損失所侵蝕而賠上微薄的獲利。此外，背光模組的材料成本占總銷貨成本的比重，高達70%～80%，這必須靠龐大的經濟規模來分攤其管銷成本，以及設法提高產能利用率來分攤其折舊，所以背光模組產業真正的附加價值，還是在於產品的設計與組裝。

二、建構完整產業供應鏈

建構上、下游完整產業體系，提高關鍵零組件自主比例，就可以降低生產成本，並增加國際市場競爭力。由於面板產業循環週期短，需求起伏變動快速，有些零組件體積大又易碎，既不利長途運送，更嚴重的是，重要零組件缺貨的情況時而發生，為了避免過度仰賴進口的製程設備，因此在基於成本、產品研發、乃至後續生產線規劃等種種考量下，面板廠應整合國內設備廠，建構供應鏈體系。

三、建立溝通平台

面板廠商相當比重的研發工作是在提升機台良率,若能提供業者間的資訊或經驗溝通平台,相信在一定程度上可使機台良率提升。在生產與供應鏈管理方面,若能藉由此溝通平台整合國內的上游廠商,可以大幅降低成本,穩定原料的供給,以發揮價值鏈上的最大效益,爭取產業未來的絕對主導權。

四、垂直整合、提升自製率以降低成本

TFT-LCD產業的上游,以彩色濾光片、偏光板、驅光IC、背光模組、玻璃基板所占成本比重最大。因此,若能整合這些關鍵性零組件,將有助於薄膜電晶體液晶顯示器產業的發展。就韓國面板廠的優勢而論,乃在於其上、下游產業具有高度的垂直整合,也因此,韓國電子產業能夠有效地降低生產成本,在市場上維持產業強大競爭力。

五、成立研發聯盟

全球最早的液晶顯示器是由美國RCA公司發展出來,但是日本液晶顯示器的技術不斷推陳出新,尤其是顯示器產業上游關鍵性材料技術與專利智財權,主要集中在日本,其產量占全世界90%以上。同時偏光板的主要關鍵零

組件，像PVA膜、TAC膜及廣視角膜，這些材料幾乎皆掌握在日商手中。廠商欲跨入LCD用偏光板產業，不僅是技術門檻的挑戰，尚有能否取得上游材料供應的問題。韓國的三星與LG等大面板廠，以高度垂直整合的優勢，不斷投資次世代廠，提升技術水準、降低成本等，市場占有率屢創新高，已成為全球平面顯示器產業鉅子，對我國產業造成強大威脅。偏偏技術專利又是台灣廠的共同弱勢，而且TFT-LCD產業的技術專利需求，項目多又複雜。

為擺脫日本在技術上的羈絆與韓國在產能上的優勢，我國TFT-LCD面板業者有必要透過研發聯盟或產能協調、異業結盟發展的合作方式，進行專利交叉授權；另一方面則成立高值零件國產化社群，由研究機構主導，結合面板廠及機械加工業者，共同開發高附加價值的前瞻性技術，未來在新技術開發及規格主導上，才能取得有利的競爭位置。

六、建構策略聯盟

全球廠商（尤其在科技產業領域）會熱衷於參與策略聯盟之動機，不外乎：(1)科技的快速創新；(2)研發成本與風險上升；(3)尋求同業生產、行銷、售後服務等活動的互補；(4)技術合作；(5)產品系統化；(6)政府的支持態度等因素。就薄膜電晶體液晶顯示器產業來說，當研發成功之

後，產品上市所需的生產、行銷與售後服務等活動，常不是單一廠商的資源所足以支應的，有鑑於此，產能調度及供應鏈效率將是未來廠商間的競爭重點，因此除在研發階段合作，在後續活動上進行互補也是有必要的。特別是薄膜電晶體液晶顯示器產業科技快速創新，很難有一家公司可以同時在所有領域居於領先地位，這也使得研發成本與風險愈來愈高，企業透過研發聯盟進行科技創新，已成為必然之趨勢。

七、開發專業用途面板

專業用途面板如軍事、航太及工業用等，都是可發展的對象。其中諸如車用面板，產品多樣少量、毛利甚高，隨著高科技車用娛樂系統成為汽車產業的新寵，因此多媒體影音播放系統、衛星導航系統、後座娛樂系統、車用監控系統等車內裝置需求，都將大幅成長，勢將帶動車用面板需求。車用的面板產品，一般在設計階段就要跟客戶共同開發，所以在正式成為客戶體系的供應鏈後，只要品質能夠維持客戶所要求的標準，要被其他廠商取代的機會不高。不過，一般車用面板操作溫度規格必須要在−40℃至85℃間，其他像航太、軍用、工業等規格的專業用途面板，測試標準要比資訊產業所使用的面板來得嚴格許多，產業仍有待努力。

八、發展材料產業

上游材料產業尚未形成，關鍵零組件供應短缺，都會影響面板產業。譬如大尺寸的LCD必須有高性能的背光技術加以配合，在高亮度、低成本、低耗電、輕薄化等領域加以改良。如果沒有材料產業和下游面板廠商結合，TFT產業就很難發展。事實上，材料在面板的成本結構部分占有極重的環節，一旦相關材料成本變動太大，例如大漲，那麼將嚴重壓縮獲利空間。有鑑於此，發展材料產業則是發展面板產業必要條件。

九、建立國際化標準

結合國內資訊、通訊及消費性電子既有技術、市場，經濟部應加速建置影像顯示產業標準及平面顯示器驗證技術，讓業者迅速完成標準，以提升國際競爭力。同時，政府可協助台灣TFT-LCD產業進行歐洲市場布局，以掌握東歐各國投資環境，針對歐洲各國生產要素與布局策略等議題，持續進行深入的研究，如分析東歐各國在語言、人才、人力成本、運輸成本與土地廠房成本等生產要素之優劣，提供給國內廠商參考。

十、開發面板先進技術

薄膜電晶體液晶顯示器產業要想發展，在策略上除了研發，還是研發。因為除了能降低成本，也能提升產品品質。譬如，顯示器產品尺寸日益變大，要做出一片完全無缺點的偏光板就愈難，相對的耗損度也變得更高。因此，偏光板廠商如何在更大尺寸及更薄產品製造上，保持一定良率，將是嚴格考驗。

現今科技產業身處於動態環境中，不僅技術不斷演進推升，連消費者的需求與行為模式也不斷地在提升。因此，產業的競爭與留強汰弱的速度也愈來愈快，包括高效能顯示器、軟性顯示、視訊級關鍵材料、新興顯示器材料、高效能顯示設備、軟性顯示設備、光電平面顯示器製程設備、檢測設備技術等，以提高我國技術自主化。譬如以偏光板業為例，未來除積極展開全球化布局，進行策略聯盟或自行生產外，如何掌握上游關鍵原材料、提高技術研發能力，致力透過膜片整合以降低成本、掌握市場商機，則是不容忽視之課題。

十一、強化創新能力

我國面板廠商與系統組裝業者，必須一方面持續與美系大廠合作，發揮過去在資訊產品代工所累積的資源，這

將有助於標準化產品訂單的爭取；另一方面則須建立新的創新及研發能力，以爭取日系廠商的訂單，而非複製過去資訊產品生產的模式，套用於家電產品之上。在新產品開發方面，在追求生產技術提升的同時，應降低固定成本投資，破壞現有的高進入障礙，同時技術創新，製造新的進入障礙。

十二、降低成本

從TFT-LCD的長期發展來看，成本的降低，是廠商努力的課題，其中良率改善又是降低成本的重要途徑。以TFT-LCD在產製過程中基板為例，尺寸大小一旦固定，可切割之最佳經濟面板數目亦隨之決定，因此決定各家廠商生產成本的關鍵因素，將在於產品良率及控制材料成本的能力。若將TFT-LCD的成本區分為固定與變動兩部分，受限於玻璃基板尺寸及可切割的面板數目是固定的，因此，單位固定成本的降低須仰賴生產良率的提升，也就是說，隨著生產線良率改善後，以零組件及材料為主的變動費用，將主導著廠商成本的降低趨勢。

十三、培訓產業人才

面板產業的競爭性極高，每日工作常超過 14 小時，以現在台灣六、七年級年輕人為主的社會，並不一定喜歡

以時間換取金錢的工作。面對這一人才缺口，可增加平面顯示器產業人才培訓計畫，國防訓儲制度人才投入，製程設備業「產業研發碩士」人才培訓專班，都可以加強高級人才的供給。

十四、策略性引進國外廠商

鎖定成膜設備、曝光機等設備國外大廠，運用租稅優惠、優先提供建廠用地，以及政府與面板廠參與投資等配套措施，加速國際大廠來台投資。

十五、建立我國品牌與通路

我國與韓、日競爭國家廠商競爭時，產品常缺乏品牌的奧援，僅能處於產業價值鏈的底端。在市場開發與行銷方面，台灣廠商應該揚棄以低利潤代工之業務內容，改以銷售與品牌為導向的企業經營模式。台灣面板廠要突破未來的困境，還是須從品牌著手，未必得自己花錢發展品牌，除與全球知名電視品牌廠商維持良好關係外，更可利用台商與 IT 產業知名品牌建立密切合作關係，積極協助IT廠商進入電視市場，想辦法打破電視品牌以日、韓為主的生態，如此，面板廠商才能與IT廠商攜手闖出一片天。

十六、強化危機管理能力

產業發展與其經營環境、政治穩定程度、法令規範、瘟疫流感、天災地變、金融秩序等，皆有可能是直接或間接危機的來源。再加上TFT-LCD是屬於資本密集與技術密集的產業，需要大量資金投入，其中一項投資計畫時常動輒 4、500 億元，因此，投資計畫最好應先找到訂單的來源。否則若過於大意，很容易危及公司的財務營運，加上LCD 的產業波動相當明顯，使得財務風險更大。

十七、強化產業群聚

中華民國長期以來在高科技行業之所以能傲視全球，就是靠產業群聚所創造出來的製造優勢。

政府應視產業發展需求，妥善建構產業發展環境，才能有效提升產業的國際競爭優勢。即便產業成長壯大，政府亦不可完全不照顧，任其於國際舞台上孤軍奮鬥，畢竟已達國際水準的產業，面對的是更大、更艱難的競爭與挑戰，政府更應協助產業在國際舞台站穩腳步才是。中華民國已在全球顯示器產業取得主導地位，故此，政府應乘此優勢持續整合產業資源，協助廠商排除投資障礙，促進產業重大投資，並且強化對平面顯示器上游關鍵材料的自主能力，以提升整體產業的競爭力。未來我國仍會面臨國際

強敵的激烈競爭，還是不能掉以輕心，隨時做好迎接挑戰
的萬全準備。

Chapter 10

奈米科技與產業

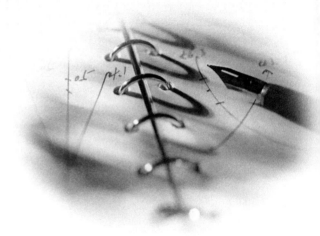

奈米科技在美國被喻為第四次的工業革命,但是為什麼人類到了二十一世紀才開始研究「奈米」呢?其實不然!我國北宋理學大師周敦頤有云:「予獨愛蓮之出淤泥而不染,濯清漣而不妖,中通外直,不蔓不枝,香遠益清,亭亭靜植,可遠觀而不可褻玩焉。」事實上,周敦頤(所指的蓮花,其實是荷花)早就發現荷葉表面上有非常微小的凸起結構(小到比水分子還要小),而產生淤泥不染的「奈米」效應。由於這些微小凸起的纖毛結構,讓污泥和水粒子不容易沾附,所以荷花雖是生長在爛泥裡,卻因是奈米結構而讓荷葉永保清淨。由於在奈米尺度下,物質所產生的新穎特性和現象,與傳統巨觀領域的物理或化學的性質有所不同,未來如果能有效充分的運用奈米科技,它將對目前的產業產生驚天動地的重大變化,譬如可以將過去 100 年來的書籍,存放在一如方糖般大小的記憶體內,或是利用分子機器人進入人體內進行醫療,這些變化對於醫藥健康、航太發展、環境能源、生物科技、甚至國家安全等領域,都會產生重大影響。

 ## 第一節　奈米結構特殊性

1970 年代末期,隨著科技進步,科學家發現,奈米級大小、介於巨觀和微觀之間的「介觀」物理現象;1980 年

代電子掃描穿隧顯微鏡（STM）及近場光學顯微鏡（NFM）等分析儀器的進步，因而提供了奈米尺度分析，及操控原子、分子所需的「眼睛」與「手指」，使得實驗與理論能相互驗證，這也就增加了奈米世界特殊現象被外界所了解。1990 年 7 月第一屆國際奈米科學與技術會議，正式高舉奈米科技，成為一項新的研究學門。

奈米是 nano（十億分之一）再加上 meter（公尺），直譯就是「十億分之一公尺，也就是 10^{-9} 公尺」。至於奈米科技（Nano-Science Technology, Nano ST）並無統一的定義，它乃是根據物質在奈米尺寸下的特殊物理、化學和物性質或現象，有效地將原子或分子組合成新的奈米結構，並以其為基礎，設計、製作、組裝成新材料、器件或系統，產生全新的功能，並加以利用的知識和技藝。奈米技術的各項研究領域，並不侷限在某一單一研究領域上，只要研究標的是奈米級的產業相關領域，均屬於奈米技術之範疇。譬如，我國很早就知道燃燒青松，取碳煙來製墨，塗布防鏽層於銅鏡，這些都屬奈米材料的應用。

在奈米這麼小的尺度下，許多物理與化學的作用，跟我們日常生活中的認知完全不同。同樣的材料，在傳統大尺度與奈米尺度中，會表現出完全不同的透光、導電、導熱、磁性等物理性質；另外，腐蝕、氧化等化學作用也會有所不同。也就是說，進入奈米尺度後，所有的物質都等

於變成一種新物質。為什麼會這樣呢？這是導因於奈米結構所具有的特殊效應。常見的效應有以下四大類：

一、小尺寸效應

當材料粒子縮小到奈米等級時，其聲、光、電磁、熱力學等，均會呈現新的尺寸效應，而本來原材料的性質就會發生改變，或是出現原本沒有的性質（如活潑的物理與化學性質），這個現象也稱為奈米效應。例如當導電的銅粒子縮小到某一奈米尺度時，就不再導電；原本惰性的金，在奈米尺度下，可以當作非常好的催化劑等，而且顏色也不再是金黃色而是呈紅色，說明了光學性質因尺度的不同而有所變化。

二、表面效應

材料在奈米化後，表面原子數相對於總原子數之比例大幅提高，而整體比表面積亦顯著增大。每一個表面原子都帶有表面位能，因表面原子總數增加，使總體表面位能也隨之提高。由於奈米粒子的比表面積大、表面位能高，且表面原子因配位數不足，較內層原子更活潑，所以奈米粒子具有高化學活性，易與其他物質起反應。

三、量子尺寸效應

當物體的尺度下降至奈米等級時,構成物體的原子數量有限,導電電子的數量亦有限,故其電子會由原本的連續狀態改變成離散狀態,這就使得能階間距變寬。當能階間距大於熱能、磁能、靜磁能、靜電能、光子能量或超導態的凝聚能時,這就會導致奈米微粒的光、電、磁、熱、聲及超導電與巨觀特性,有著顯著的不同,如奈米銅就不導電,這就是著名的量子尺寸效應。

四、宏觀量子隧道效應

當材料隨奈米化尺寸減小,奈米微粒子具有貫穿的能量,故常被稱為隧道效應(如超磁通量)。

第二節　奈米科技

奈米科技正從根本上,改變今後材料和元件的製造與生產方式。傳統的製造方式是把原料如鋼板、混凝土等,經過壓、切、鑄等工業技術和過程,製成零件和產品。而應用奈米科技可以從原子和分子開始製造材料和產品,即從原子、分子出發,到奈米粉末纖維和其他小結構組件,再到材料和產品。藉由奈米科技的商業化應用,使其能提

升產品附加價值與競爭力，因而被賦予挽救陷入瓶頸傳統產業的功能。也因此世界各國莫不積極投入，期待在此波奈米科技風潮中占得機先。目前全球最大的奈米研究機構是在美國，它是由洛杉磯加大電機暨應用科學學院、聖他芭芭拉加大、柏克萊加大、史丹福大學等加州地區四所科技研發重點高等學府共同合作，創立「奈米電子西部機構」（The Western Institute of Nanoelectronics）。

目前被研究機構所研發出來較為熱門的奈米科技，大致分為四大類：

一、奈米碳管（Carbon Nanotube）

奈米碳管就是尺寸只有奈米大小、完全由碳所組成的「管子」。科學家在奈米碳管上發現許多優異的特性，譬如具低導通電場、高發射電流密度及高穩定性等特質，這些可作為省能、高效率的照明設備。在強度方面，其強度相當於同等直徑不鏽鋼的 10 倍，但重量卻只有鋼的六分之一；在導熱性方面，奈米碳管傳導速度高達每秒 10 公里，更特異的是其導熱只能單方向的傳導熱能，此一性能定可找到許多商業化的應用；而在電氣特性方面，單根奈米碳管可以構成一個電晶體，一根奈米管的直徑僅是電腦晶片上最細電路直徑的百分之一，但導電性能卻大大超過銅，是理想的導體。

二、光觸媒（Photocatalyst）

全球經工業化後，人們的生活水準雖獲得改善，但是伴隨而來的卻是環境污染及能源危機。奈米觸媒技術則可藉由太陽的光能，照在奈米級光觸媒的鍍膜上，轉換成電能後，產生無污染的新能源──氫氣，同時藉由氫氧自由基來分解有害物質，使污垢的附著力大幅降低。奈米光觸媒的涼風扇、冷氣機及空氣清淨機等電器，由於奈米化顆粒的高化學活性可增強光分解反應的效益，因此對淨化空氣、除臭、殺菌或抑菌等清潔功能極為優異。

三、奈米碳球（Carbon Nano Capsule）

奈米碳管場發射元件的應用產品，如「車用儀表板顯示元件面板」及「半穿透式訊息顯示面板」，以此作為電子發射源，可以製造出低成本且高品質的平面自發光顯示元件產品，將為應用奈米碳管場發射元件技術之平面顯示元件市場，帶來無限商機。

奈米碳球在光電、奈米、生醫等領域的應用極廣，相當有機會成為尖端產業的骨幹材料。例如將奈米碳球以電鍍方式塗在戰鬥機金屬表面，就可以避開雷達的偵察，成為隱形戰鬥機；將鈷 60 置於奈米碳球中，再將其植入受癌細胞侵襲的器官，這可以取代現行照射方法來殺死癌細

胞，同時又留下好細胞；而奈米碳球也是很好的自由基掃除劑，可以穿透腸細胞進入血液，去除自由基與雜質；在磁性記錄器上，將包覆磁性粒子的奈米碳球工整排列，可以製造高密度的磁性記錄體。

四、奈米機器人（Nanobots）

主要目的在於進行清理血管、抵抗病菌等醫療行為。方法是製造出與病毒大小差不多的生物分子推進器，在酵素上裝了一個旋轉器，只要酵素上的「蛋白燃料」供應無虞，旋轉器就可以前進，完成既定任務。

 # 第三節　奈米科技與人類生活關係

家庭裡的壁畫或擺設，隔一段時間不清理就會滿布灰塵，這種過去常令工作繁忙的職業婦女困擾的難題，隨著奈米技術的廣泛應用，只要選擇外層有奈米塗料的產品，即可使壁畫或外牆磁磚都可永遠保持亮麗如新。由此一小小生活例子，即可推測奈米科技對於人類生活有極大的影響。

奈米雖然是物理概念的尺寸單位，由於奈米結構所具有的特殊物理、化學性質，自上世紀 90 年代奈米產品進入世人生活以來，奈米材料已經應用於大眾生活的各個方

面，可以斷言未來它對人類生活的影響，將是全面性的。

一、生活便利

　　在電池添加了奈米級鋰顆粒，能夠大幅延長供電時間，縮短充電時間，是未來電池的主流。奈米技術可使電極、電容的表面積變大，如開發「直接甲醇燃料電池」，便是利用奈米對電極的幫助來提升轉換速度，拉高電池蓄電效能，其待機時間可長達 30 天，這項功能讓出差民眾不須擔心沒電的問題。由此可看出奈米時代，許多產品的功能將會大幅提升，體積也可望有效縮減，大幅提高民眾生活品質。

二、醫療健康

　　隨著奈米科技的快速發展，並滲透進入其他領域之後（如生物科技、微機電、奈米機電），對於人類醫療健康必然產生更多特殊功能，如診測、治療方法問世。在醫學檢驗方面，奈米的生醫晶片，可取代傳統繁雜人工檢驗步驟，並可使檢驗平台微小化；奈米的金粒子，可利用其特殊的顏色變化，來做驗孕、藥物成癮、肝炎、愛滋病毒及梅毒等之篩檢。在疾病治療方面，奈米醫藥不易使細菌產生抗藥性，可逐漸取代目前的抗生素；奈米技術可做定位給藥、顯微注射，用以消除人體內的癌細胞、病毒或細

菌。2005 年 11 月在巴黎「歐洲癌症研討會」上，曾發表一項實驗顯示，把含藥的奈米微粒直接注射到老鼠體內的腫瘤，以殺掉癌細胞，讓腫瘤完全消失。這項實驗成功之後，更加證實奈米對醫療健康的貢獻。

三、資訊儲存

在資訊爆炸的時代，愈來愈多的資訊需要儲存整理，如果能把整個大英圖書館的資料，儲存到一顆 1 立方公分大小的方糖內，把整個圖書館帶著走，這對知識經濟時代的企業與學術發展，其助益將是無可限量。

四、食衣住行育樂

㈠食

大陸的葵花籽包裝、歐洲的啤酒瓶、美國的果汁瓶，在食品包裝上添加了奈米顆粒，以延長保存期限。食品保存最怕氧氣，容易孳生細菌。在塑膠袋（聚乙烯）、保特瓶（聚酯纖維）等高分子聚合物中添加奈米顆粒，可以增加分子間的緻密程度，使得氧氣不易進出，提高阻擋氧氣的能力。奈米化食物由於表面積大增，可提升養分吸收效率，強化營養物質之效用。添加具氣味加強劑的奈米顆粒於低卡路里食物中，不但可使食物美味，又可不必擔心吃過多造成的肥胖問題。用奈米化陶瓷複合材料，將其做成

裝盛食物的盤子，或做成編織物覆蓋於食物上，則可達保鮮之功效，這也是市場上所謂的「奈米冰箱」。

(二)衣

　　在衣料纖維表面塗覆疏水性的奈米顆粒，最大的好處就是不怕髒，不易沾上咖啡、油滴等污漬，只要輕輕一揮，液滴就會掉下來。同時，奈米化纖維可以阻隔95%以上的紫外線或電磁波輻射能，既可使衣物常保光澤優雅、防霉殺菌，又可提升紡織品的機能性，而顯得更輕薄、柔軟、保暖。在 SARS 防疫大作戰時，奈米口罩大出鋒頭，這就是因為奈米結構的自潔功能。

(三)住

　　汽、機車排放的廢氣中含有硝化物、硫化物，不但造成空氣污染，遇水還會變成酸性物質，腐蝕建材。奈米化建材或塗料可具有環保、自潔、防水、防火、質輕、耐震及高強度等特性。日本高速公路圍牆，在表面塗上 TiO_2 光觸媒的奈米顆粒，有效分解空氣中的硝化物、硫化物，使建材外觀如新亮麗，並能減少空氣污染。

(四)行

　　奈米複合材料之使用，可使車體重量減輕、強度增強、抗熱、耐腐蝕。橡膠輪胎若摻入奈米碳顆粒，可增加輪胎之耐磨性與抗老化性，使輪胎壽命大增。德國汽車正

研發新型擋風玻璃，以奈米級的玻璃顆粒混上塑膠，重量不但大大減輕，而且不沾雨絲，不易附著污垢。在汽、機車排放廢氣處理方面，奈米化之化學反應催化劑，由於具有極高比的表面積，故具較強的催化活性，可在短時間內將廢氣處理轉換成不具毒性的氣體。

㈤育

不用帶厚重的課本上學，只要帶著一頁比信用卡還薄的電子書就行了。一個用鉛筆畫的句號，由 3 億個碳原子排列組合而成。電子書上的面板是由上百萬個奈米顆粒所組成，電壓可以控制原子排列，組合不同的字。隨著輸入的頁數，電壓上上下下，每頁就會有不同的字跳出來。

㈥樂

未來兩年內，第一台以奈米碳管做成螢幕的電視可望問世，它不但省電、成本低，而且很薄，厚度僅數公釐。奈米碳管彈性極高，電傳導性高，強度比鋼絲強上百倍，但重量卻很輕，兼具金屬與半導體的性質，可用於平面顯示器、電晶體或電子元件上。除了電視、電腦，奈米碳管也被用於網球拍、滑雪桿，質輕、鋼性好的特點，讓運動人士用起來愛不釋手，舒適地打一場好球。奈米網球、奈米排球也相繼問世，在球類表面塗覆奈米顆粒，也能阻絕氣體進出，不易沾上汗滴，保持球的彈性。

　　儘管奈米科技有以上如此之多的優點，但它也不是完全沒有風險。雖然較早期的研究顯示奈米材料可能無害，但後來以動物進行的實驗，卻呈現出可能阻塞呼吸管道，引發灼燒活細胞及強烈的自體免疫反應。奈米技術存在許多未知的風險，尤其直接與人體接觸後，譬如以奈米材料的化妝品、聚酯類啤酒瓶等類產品或藥物奈米化之後，究竟性質會產生什麼樣的變化？

　　拿防曬乳液為例，2003 年一項研究表明很多產品中所使用的二氧化鈦奈米微粒，可以進入皮膚、甚至細胞，並在細胞內產生自由基，破壞原有的基因，其長期使用的安全性是值得我們進行評估的。又如加入奈米顆粒的婦女衛生棉，具有極強的抗殺細菌作用，但是這些與人體接觸的材料，有許多奈米顆粒會脫落，而這些脫落的奈米顆粒的粒徑是多少，有多少會進入人體，並且多大的粒徑是相對安全的，進入人體的奈米顆粒是如何代謝的，它對人體會產生什麼樣的作用，所有這一切的答案，都需要進行深入的研究來解答。除此之外，奈米粒子還會帶來其他的職場風險，遠比普通、微米級的粒子更具揮發性，且遠比體積大得多的化學分子更具毒性、甚至爆炸性。

　　現在標榜奈米產品滿街都是，食衣住行樣樣不缺，但是原本僅幾百塊的機器，只要掛上奈米的標誌，價格就高出許多，譬如奈米空氣清淨機將近 4 萬元，普通的只要一

半價錢；奈米竹炭內衣要 690 元，一般內衣可能 200 元就有。市面上從用的臭氧機、穿的鞋墊、到喝的人蔘雞湯都可以有奈米，在缺乏奈米標章認證的情況下，對消費者而言還是沒有保障。

 ## 第四節　奈米科技對產業影響

　　奈米科技是二十一世紀科技與產業發展的最新技術，由於奈米技術的潛力及應用範圍極為深廣，並不侷限於傳統產業。面對新世紀的挑戰，未來產業的發展，勢必將因奈米科技概念的崛起而產生質變。無論是紡織、食品、家電等傳統民生產業，或是高科技的電子、光電、生技、醫療等產業領域，甚至尖端的國防科技，都將在奈米技術的注入下更上層樓。所以說，奈米技術是目前國際上最重要的科技之一，同時將對國家競爭力產生重大影響，一點都不誇張。奈米科技的創新，將為傳統產業的提升注入新的機會，並大大提升台灣的競爭力。

　　材料的開發與應用，常標誌著人類文明發展的里程碑，所以，文明史也有直接以材料的運用來劃分的，如石器時代與銅器時代。隨著奈米材料的開發與出現，奈米勢必在人類文明發展中扮演新的關鍵角色。人類文明在歷經前兩個世紀的機械、電子、乃至於資訊科技所帶來的工業

革命,目前隨著奈米科技的興起,第四次工業革命的腳步儼然已到來。所以,奈米科技已經被公認為二十一世紀最重要的產業之一。

奈米產業影響的領域,包括民生化工、金屬與機電、IC電子與構裝、顯示器、通訊、資訊、儲存、能源、生技與基礎產業等。所以無論是傳統產業、科技產業或生醫產業,都積極投入奈米科技應用,這已是世界各國發展產業的重要趨勢。目前把奈米科技列為重大國家發展目標的國家,包括澳洲、南韓、比利時、荷蘭、保加利亞、俄羅斯、中國大陸、新加坡、芬蘭、西班牙、法國、瑞典、德國、瑞士、印度、台灣、以色列、英國、日本等。美國總統柯林頓在 2000 年正式向國會提出「奈米國家型計畫」,並具體指出奈米科技將可提供下列功能:(1)增加單位面積的記憶容量 1,000 倍,可以把整個國會圖書館的資料,儲存到一顆方糖大小的體積內;(2)在原子與分子的領域由下往上建構元件材料,如此可以使密度更高、更省材料、而且減少污染;(3)發展只有鋼鐵十分之一重,但強度是 10 倍的材料;(4)可以開發出較現有奔騰(P-III)快 100 萬倍的電腦;(5)把奈米機械裝置應用在癌細胞偵測與基因分析上,且可藉由這種裝置把藥物傳送到目標器官中;(6)清除空氣與水中的污染物;(7)提升現有太陽電池的效率達 2 倍以上。

奈米是跨領域、跨學門、跨行業的新領域，它從民生消費性產業到尖端的高科技領域，都能找到與奈米科技相關的應用。奈米科技除了可將器件縮小、重量減輕、材料使用少及方便攜帶外，製造和運轉的能量小，使得其效用、靈敏度、活性度和作用密度都會大幅提高。芬蘭手機大廠諾基亞（NOIKA）有一句深入人心的廣告詞，就是「科技始終來自於人性」，這也是奈米科技發展最貼切的形容。

由於奈米給所有物質帶來新特性與新應用，因此對於傳統產業的轉型及科技產業創新技術，都將產生革命性改變。以下將它對各種產業的運用，做簡短的說明。

一、奈米與環保產業

隨著奈米材料和奈米技術基礎研究的深入和實用化進程的發展，特別是奈米技術與環境保護，和環境處理進一步有機結合，許多環保難題諸如大氣污染、污水處理、城市垃圾等，將會得到解決。

奈米技術透過金觸媒奈米化效應，具有在室溫下去除一氧化碳的高效率，應用於爐具，可避免因燃燒不完全而導致一氧化碳中毒。此外，以往消防隊所使用的防毒罐重達 900 公克，在緊急的火災事故現場，對分秒必爭的消防隊員來說，多一分重量就是多一分負擔；應用奈米金觸媒

製成的輕便型一氧化碳防毒口罩和濾毒罐（重量僅約 20 公克），將可增加火災的逃生機會。隨著奈米材料和奈米技術在環保方面的應用，及更深入的研究，這將會給我國乃至全世界在環境污染的處理上，帶來新的機會。

二、奈米與電子產業

將各式機械元件和電子元件縮小至奈米尺寸，是奈米科技產品的必經之路，微機電系統主要乃是利用目前積體電路（Integralcircuit, IC）的製程技術及一些附屬的微加工技術，製作成各式各樣的機械結構，以達到元件的微小化目的。這不但可大幅縮小元件體積，且能提高系統性能及降低生產成本。

三、奈米與國防產業

利用體積小、速度快的奈米科技的電子器件，應用在資訊控制方面，將使軍隊更能在預警、搜尋敵人、導彈攔截等做出最快的反應。例如阿富汗的反恐怖戰爭，若能應用奈米機器人和奈米機械設備，將提高部隊的靈活性和增加戰鬥的有效性。

四、奈米與半導體產業

國內半導體廠商積極將 IC 推進到奈米領域，希望藉

由奈米技術的發展，將台灣半導體產業由代工升級至領先地位。半導體業針對晶圓縮小尺寸要求，未來必然會發展出更精巧的晶片，和更有效率的技術及材料。

五、奈米與材料產業

奈米材料是指材料的顯微結構尺寸均小於 100nm 的材料，它具有低熔點、高比熱容、高熱膨脹係數；高反應活性、高擴散率；高強度、高韌性、高塑性；奇特磁性；極強的吸波性等特質。由於奈米材料有這些功能，所以從塗料、表面處理、粉體、複合材料、整體材料，從淺到深應用無窮。奈米材料不但在基礎科學研究上，開發了許多新的領域，更因為具有獨特性質及應用潛力，因而引起學術界及產業界極大的重視！

奈米科技的應用，在產業化的過程中，材料應用是最快看得到的成果。奈米技術目前尚能實現的技術為奈米材料技術，而奈米材料技術中可以實現的實用化的技術則屬奈米複合材料技術。奈米材料的種類相當多，包含了金屬奈米材料、半導體奈米材料、結構奈米陶瓷、奈米高分子材料等「工程奈米材料」，以及應用在生物體的生物螢光體（Biophosphor）等「生物奈米材料」。

在奈米材料科技方面，主要開發的目標包括：(1)結構機能應用：耐燃／阻燃、遠紅外線吸收、耐磨；(2)化學催

化應用：觸媒、殺菌；(3)光、電、磁應用：被動元件、顯像／發光／高折射、導電／絕緣。因此在產業應用方面，包括了橡膠和塑膠、複合材料、人造纖維和紡織、樹脂、塗料、油墨、建材、造紙等。

表 10-1　奈米材料的特性與應用領域

性能分類	特性與用途
力學性能	耐磨補強性、高強度、高硬度塗膜、陶瓷增韌性超塑性
光學性能	光學纖維、光反射折射、吸收光波隱形、發光材料
化學物理特性	研磨拋光、助燃劑、阻燃劑、油墨、潤滑劑
磁性	磁流體、磁記錄、永磁材料、磁儲存、智慧型藥物
電學特性	導電材料、電極、壓敏電阻、靜電遮蔽、超導體
化學催化	化學反應催化劑
熱學性能	耐熱材料、導熱材料、低溫燒結材料
感測性能	偵測濕度、溫度、氣體等感應材料
能源技術	電池材料、鋰電池、燃料電池儲氫材料
環保技術	空氣清靜消毒、污水處理、廢棄物處理
生技醫學	細胞分離染色、消毒殺菌、藥物載體、醫療診斷

資料來源：奈米時代──現實與夢想，中國輕工業出版社，工研院經資中心 ITIS 計畫整理（2002/03）

六、奈米與民生產業

　　衛浴設備產業若能導入奈米技術，在馬桶的胚土上塗

上一層質地更細、細到屬於奈米尺寸的釉,這樣燒出來的馬桶,既省水也比較不會殘留。奈米可以滲透到民生各種產業,如資電器材、汽車零組件、耐油性材料與耐磨耗材料;在纖維工業上,如工業刷毛、濾布、繩索,具有提升剛性、強度、耐溫熱特性;在包裝材料上應用,如保鮮膜、生鮮食品包裝,充分利用奈米材料耐熱性、阻氧性、透明特性等;在塗布工業上,材料耐黃變、高附著性、防蝕、電著塗料均是未來奈米阻絕性之最佳應用;在電子封裝產業中,將積體電路 IC 晶片加以密封保護等。

七、奈米與生醫產業

從心律調節器、人造心臟瓣膜、探針、生化感測器(Biosensor)、各種導管、助聽器、大腦內視鏡、奈米內服藥物(Nanomedicine)等等,皆是造成革命性醫療的新方法。最重要的是奈米科技可以大幅降低人類痛苦,譬如以往人類體內的疼痛時,需要胃鏡與腸鏡來將影像傳回,可是這個過程非常的折磨與痛苦,甚至有危險。然而隨著奈米科技的發展與應用,未來可在一顆具有內視鏡膠囊,把腸胃內的影像傳回,免除以往照胃鏡與腸鏡所帶來的痛苦。將來或許可以利用這種膠囊技術,把藥物直接送到潰瘍的傷口處,對療效與降低藥物劑量會有顯著幫助。其他有關奈米生物／醫學科技,主要的應用可包括製藥奈米

化、生物晶片的設計和製作，以及奈米仿生偵檢器等等。

　　奈米技術雖然尚在起步階段，但是未來幾乎所有的產業都有可能應用到。奈米科技的研究為多學科關聯，涵蓋層面深廣，其應用將遍及儲能、光電、電腦、記錄媒體、機械工具、醫學醫藥、基因工程、生物科技、環境與資源及化學工業等產業。可預見的未來，在高科技製造技術中，有很多的重要創新都將來自奈米科技，而奈米科技對台灣「未來競爭力」的重要性，將不亞於半導體對我國過去競爭力的重要性。目前世界各先進國家無不投入大量人力與經費，進行相關科學與技術的研究發展，希望能掌握奈米科技的核心技術，並在該領域占有一席之地，進而掌握該技術之經濟利益。我國自應加倍努力，才能掌握奈米科技產業的契機。

 ## 第五節　奈米科技產業的 SWOT 分析

　　綜觀國際目前奈米科技發展趨勢，美國在奈米結構與自組裝技術、奈米粉體、奈米管、奈米電子元件及奈米生物技術有顯著發展；德國在奈米材料、奈米量測及奈米薄膜技術略有領先；而日本則在奈米電子元件、無機奈米材

料領域較具優勢。有鑑於我國優勢產業的競爭力逐漸被其他新興國家取代，我國亟須發展一個能讓各產業，從代工層次提升至自我創新地位的基礎科技平台，而整合各技術領域且尚處萌芽期的奈米科技，將是我國最有機會的選擇。以下先進行我國奈米科技產業的SWOT分析，進而提出產業發展策略。

一、優勢

國內人力素質整齊，面對新問題，反應靈敏，我國在奈米電子技術和奈米製造技術商業化的實力，名列世界前五名，再加上我國產業上、下游體系完整，大多具有自主性能力，尤其下游組裝的群聚效應，使得我國製造業支援程度優於國外廠商，也就是效率迅速、快速供貨。

二、劣勢

目前，世界各國都已相繼投入大量資源，並且積極布建相關專利地圖，奈米科技競爭激烈可期。台灣已有超過250 家的企業投入奈米科技產業，然而產業的型態仍以中小企業為主。所以投入奈米科技的進入障礙較高，無論是就技術的取得或人才的培育，企業規模和資金投入在國際上較不具優勢。尤其是和美國、日本等國相比較，我國投入奈米科技發展的經費相對偏低。中國大陸這幾年積極推

動奈米研究，召開奈米學術會議，成立專門組織，在奈米
技術的研究上已有相當程度的基礎。

三、機會

　　奈米技術導入塗料中，除了具有透明性外，更能賦予
塗料高精密、高機能性多功能的特性，開發出具有奈米特
性之實用產品，不僅能提供美觀、保護產品不受刮傷及腐
蝕，更進一步賦予產品具有光、電、熱、磁等功能。由奈
米科技導入塗料的案例，可知該產業發展的機會極大，而
中國大陸將來有可能成為第二大奈米原料的供應國，我國
產業可利用地緣、文化和語言的優勢，進行策略性布局。
若能善用以奈米科技為主的定位，將中部科學園區的開
發、新竹科學園區以及台南科學園區，形成「北IC、中奈
米、南光電」的產業群聚，這可積極帶動區域性高科技產
業的蓬勃發展，並提升我國產業的全球競爭力。

四、威脅

　　在奈米材料的部分，一直未能廣為人類所使用的最主
要原因，除了是限於科技的能力尚無法觀察以致於操控奈
米材料，另一個很重要的因素應該就是奈米材料本身的
「不安定性」。就產業面而言，我國在技術、原材料、製
造設備和關鍵零組件的生產上，有很大部分仰賴外國廠商

的供應，長久下來，我國奈米科技的發展恐將受制於國外的供應商，進而壓低我國的獲利和發展空間。此外，奈米科技尚屬新興技術領域，不僅技術瓶頸高，研發時間長，而且商品化的效果尚不顯著，使得目前市場上的奈米相關產品、設備和儀器的價格都相當昂貴。再加上我國參與國際合作且獲取共同交換資訊的管道較少，對以中小企業為主的我國而言，將形成實質的威脅。

透過SWOT的分析，在奈米科技的產業發展上提出以下策略，以供參考。

一、政府層次

奈米科技要成為我國產業發展的重心，最有效率的方法便是與我國產業結構的比較優勢相結合，再造一個具有競爭力的產業群聚。我國在財政經費上的窘迫，較難與美、日等國相比，因此，政府在研究發展的策略上，要慎選國內優先切入的產業，譬如可選定奈米材料、奈米電子、奈米機械及奈米生技等四大應用領域發展，並且積極推動石化、鋼鐵等傳統產業奈米化的目標。同時結合國內具競爭力產業，鎖定光電、顯示器、傳產、能源以及生技等產業，發展奈米新商品與新技術。

二、成立產官學資訊媒合系統

　　此目的在於使技術的供給面與需求面之間，有一個合作發展的機制，並且未來透過電子資料庫的建立，增進產、學、研之間的交流與互動，以技術需求做驅動，使我國的研究機構和學術單位的研究方向能夠配合產業的發展。同時擴充及深入奈米科技環境應用面（Applications）及衝擊面（Implications）的資料庫內容，以便快速掌握國外資訊、建立國內判讀能量。

　　在產業方面，應積極強化奈米技術商業化的能力，使所開發出來的實驗室研究能夠快速商品化地進入市場，在這一部分，除了加強研發，就是要強化國際市場行銷的能力。

Chapter 11

3D 列印（3D Printing）科技與產業

2011 年具高影響力的《經濟學人》雜誌，將 3D 列印喻為第三次工業革命。2013 年 2 月，美國總統歐巴馬在國情咨文中特別強調「3D列印能替美國製造業帶來新機會！」可見在歐巴馬總統的眼中，3D 列印竟是將製造業帶回美國的祕密武器。這使得 3D列印產業成為全球矚目的焦點。事實上，第一、二次的工業革命，造就規格化、大量生產的製造業。如今 3D 列印技術（3D Printing Technology）的普及，使得全民能製造、能量身客製、且人人都能擁有一座小工廠。這不是未來，而是全球正風起雲湧，且被喻為第三次的工業革命。3D 列印技術在未來產業發展中，必然扮演關鍵的角色。而且從設計、掃描、列印，到周邊的套件，真是商機無限！

在 2014 年美國國際消費電子展（International CES）中，首次出現 3D列印產品專門展區，進一步顯示個人 3D 列印設備與應用愈來愈受到重視。目前美國大約有 49 所公立或是大學圖書館提供 3D 列印服務，上海圖書館也首度引進 3D 列印機，希望能夠提供民眾學術研究和創意體驗的工具，以提高民眾的學習效率和創新能力。

第一節　3D 列印基本程序

3D 列印代表第三次工業革命的開始，以往產品設計

　　都是採用減法製造，將一整塊金屬逐次切削成形。但隨著採用加法製造的 3D 列印時代來臨，將一舉改變傳統的生產製造模式。

　　3D 列印是一種快速成形的技術，利用微積分來計算精密的面積與體積，再以一種數位模型檔案為基礎，通過多層列印的方式，去構造出零元件。以往平面的列印技術，透過噴墨、雷射，讓電腦中的文字圖檔顯示在紙上。如今的 3D 列印，則能從噴頭噴出塑料，讓 3D 設計圖躍出電腦螢幕，成為真實的產品。

　　3D 列印須先繪製出數位的立體模型檔案，然後使用塑膠（聚合物）或金屬粉末等，使其更容易加工成形的材料，最後透過快速成型技術，逐層列印的方式，來形成立體的構造。3D 列印機主要由控制元件、機械元件、打印頭、耗材和介質所組成。耗材可能是塑膠粉、不鏽鋼粉、甚至鈦粉，都是可以用來堆疊精細的真實物體。以下將 3D 列印基本程序，分為三段說明。

一、設計所需零件的電腦立體模型（數字模型、CAD 模型等）：使用電腦輔助設計（CAD）或電腦動畫等軟體來建立模型，然後再將建成的 3D 模型，分割成一層一層的橫截面，最後將這個訊號，傳送到 3D 印表機。只要分割的每一層橫截面夠小，解析度夠高，那麼「列印」出來的物體表面就會很光滑，和真的一樣，

感覺不出這個東西是「印」出來的。

二、完成電腦 3D 建模操作後，將列印指令發送到 3D 印表機上，進行檔案轉換，再結合切層軟體，確定擺放方位和切層路徑，進行切層工作和相關支撐材料的建構。其原理是將塑料加熱，運用積層製造（Additive Manufacturing）的技術，以平面一層一層往上堆疊，製造出連續且多層的立體物件。

若是遇到無法掃描完整的情況，由於在 3D 印表機列印平台下方，有兩組雷射成像單元的影像調整軟體，會自動修補圖檔，以維持物件表面平滑度。

三、透過噴頭將固態的線形成型材料進行加工，形成半熔融狀態後再擠出，並一層一層由下往上堆疊在支撐材料上，最後硬化烘乾處理。與傳統的製造技術（如注膠法）比較，3D 列印技術則可以用更快、更有彈性，以及更低成本的辦法，生產數量相對較少的產品。

內建掃描器的 All-in-One 的 3D 列印機，是未來技術發展方向。其他關鍵技術，譬如將雷射應用在 3D 列印，除了文創產業，未來可擴大至金屬模具和零組件產業。例如在 IC 設備上，可在晶圓上鑽洞畫線；在面板上，可用雷射雕刻、鑽孔、補強畫線；另外，雷射也可以打在 IC 成品上，將使應用範圍更廣泛。

第二節　3D 列印技術優點

　　3D 列印可大幅縮短複雜工件的製作工期，免除多道製程及轉換加工機所需時間，使製造方式進入批量客製化，大幅提升製造效率，而且所造的產品能及時使創意視覺化，並達到無障礙溝通，速度快、經濟、靈活。相較於同等級產品中，列印品質更為細膩，而且在短時間就能從設計到成型，因此省下產品開發週期。而且由於列印機機台成本下降，業者可依自身需求，自行設計、組裝列印機，資金門檻低，一台列印機即可印出客戶所需的商品，許多微型企業（SOHO）如雨後春筍般，紛紛的創立。

一、大幅簡化零件

　　一般標準汽車的設計，都由成千上百個零件所組成。3D 印刷技術可以讓一部汽車，僅需五十多個零件即可組裝完成。

二、降低成本

　　硬體成本降低，正是 3D 列印普及的關鍵原因。NASA（美國國家航太總署）表示，採用 3D 列印製造火箭發動機噴嘴，生產時間能夠縮短到 4 個月，而採用傳統的工

藝，所花費的時間要超過一年，而成本則縮減了 70%。

三、省去複雜製作過程

　　3D 印刷技術徹底省去複雜零組件冗長的製作過程。它除了可以輕鬆印刷出複雜的零件外，其一體成形的技術更突破傳統需以毛坯加工的麻煩程序，讓後期輔助加工量降低。對高技術產業而言，還可以避免委外加工，造成技術外洩的風險，所以尤其適合高科技產業的創新與研發，如科技、軍事工程。

四、快速製程

　　就算不懂電腦繪圖，只要經過 3D 影像掃描，短短數分鐘，就可將真實人事物，立體呈現在螢幕上，同時也可在電腦裡繪出作品立體設計圖，而 3D 列印機就可依圖列印出實品。在最有效率的空間和材料運用狀況下，原型製造時間預估可加速 10 倍以上，而且會有愈來愈多的運用可透過 3D 列印技術實現。3D 列印技術大幅縮短設計到製造之間的步驟，並做出傳統製造方法所無法達成的複雜幾何形狀。3D 技術使得製程加快，因此相當適合新產品的研發、測試，並可以降低企業新品開發成本。

五、運用廣泛

3D 列印不侷限於工業，可廣泛運用於汽車、航太、珠寶等產品而且其列印產品更輕便、堅固、客製化。所以不管是家中 IKEA 桌子、所遺失的小螺絲起子，還是隨身行動裝置的耳機，未來都可以透過列印技術重新取得，3D 列印將成為你我家中的「個人特力屋」。

六、客製化

隨著個人主義抬頭，少量多樣的客製商品已成消費的新趨勢。有了 3D 列印技術，就可以協助年輕設計師，使得打樣能夠更容易。2014 年的米蘭傢俱展，展出由 3D 列印做出來的傢俱，打造迷人的「專屬傢俱」。

七、創業更容易

只要有台 3D 列印機，透過 3D 列印繪圖軟體的設計，人人都可以自行設計、開發、生產出獨一無二的立體產品。由於無須開模，且沒有最低生產件數的限制，一台只要 6 萬多元的 3D 印表機，一綑 1,500 元的塑料（約可做 30 個手機殼），每個人都能在家裡打造一座個人工廠。

「商品」將不再被製造與運送給消費者，消費者想要購買的商品，從眼鏡到房子，現有的供應鏈流程將會被列

印技術替代。一旦這一切變得更具成本效益，就會出現「專屬商店」，讓消費者下載並列印所需物品，這將是自從有了網路之後，最大的科技革命。

但現今的 3D 列印技術也有其缺點，特別是受材料成本高、種類少、列印速度慢、用途有限，以及列印技術受到生產效率、材料成本的影響，僅能少量生產。再加上 3D 列印氣味難聞，以及廢料污染等問題，因此在廣泛應用時仍有障礙要克服。

第三節　3D 列印運用

過往工廠給人的印象就是巨大的廠房，配上數以百計的勞工，無限輪班生產產品。現在有了 3D 印表機，自己就可以在家開工廠。而且只要數小時，一台價值 2,000 美元的 3D 印表機，就可以將一捲塑膠線製成珠寶、藝術品、零件、廚房用具，你想到的都可以印！一台 1,500 美元的列印機，2 天就可以做出模具老師傅 2 個月才能完成的樣品。鴻海和許多台灣製造業，核心競爭優勢就是模具，但 3D 列印已經將其取代了。如今 3D 列印正加速邁入主流市場的新技術。

不同產業應用 3D 列印技術，印了許多各種的產品，從日常生活的必需品，到專屬機器人都有，而且應用愈來

愈廣。由於 3D 列印技術的進步，使成本大幅下降，因此產業界將它應用在一些真實產品的直接製造，特別是高附加價值的醫療與工業產品，例如，人工骨骼、人工關節、牙齒、飛機與汽車零件等。3D 列印技術的普及與價格的下降，使其更有機會應用在珠寶首飾、鞋類、工業設計、建築、汽車、航太、牙科及醫療等產業。

一、娛樂公仔

日本 Omote 3D 公司研發出一台 3D 掃描相機，能將物體拍攝成 3D 圖檔，這個產品能將繪製好的 3D 圖檔，「印製」成立體模型，提供客製化公仔服務，使消費者有更多樣化的選擇。

二、醫療

譬如，傳統墊下巴手術存在許多盲點，由於不能在術中看清楚下顎骨的全部線條，因此放在下顎部位的下巴模都會有線條不順、容易滑動的問題。傳統 2D 影像評估的先天劣勢，手術傷口至少 3 至 8 公分，耗時 1 至 3 小時不等，必須用線或骨釘固定下巴模，更有容易位移或拉傷下顎神經，導致嘴麻半年以上等後遺症。如今將 3D 列印技術導入下巴整形，在術前透過 3D 影像模擬、3D 電腦斷層掃描，取得術前術後的體積差異資料，然後利用 3D 列印

技術，印出患者的下顎骨，客製塑形的下巴模，可縮短開刀時間在 40 分鐘內完成，傷口可小於 3 公分。所以透過 3D 列印技術，不但傷口小，且併發症大幅降低。

三、國防飛機

2013 年 12 月英國颶風戰機已測試完成 3D 列印所製作的飛機消耗品，成功的供應國防商英國航太系統（BSA System）。這次所用的 3D 列印戰機部件，屬於起落架一部分的動力傳動軸保護裝置、機艙無線電保護蓋。3D 列印可以降低 30% 的零件重量，進而節省燃油成本；能夠在短期內輕易印出，組裝樣機所需的精密零件；無須製模和複雜的傳統工序，科學家可以不斷製造更多複製品用於試驗。

四、藝文領域

導演李安先生拿下奧斯卡導演獎——《少年PI的奇幻漂流》電影，由於大部分的動物與場景都是使用電腦動畫合成，如何讓演員對著空白的布幕演戲呢？如何想像劇中人物與動物之間的動作呢？因此大量使用 3D 列印技術，製作出各種不同的動物與場景模型。3D 列印則可將 3D 數據列印成為物件，使原本的真品得以妥善保存。《霹靂奇幻武俠世界——布袋戲藝術大展》，近 2 公尺的素還真模型，就是以 3D 列印的技術製作而成。

五、「活體藝術品」

荷蘭藝術家梵谷在 1888 年割下自己的左耳，現在拜科技之賜，藝術家用梵谷後代的軟骨 DNA、加上 3D 列印技術，複製出梵谷失去的左耳，並於 2014 年 6 月 4 日在德國一家博物館展出。

第四節　3D 列印 SWOT 分析

3D 列印成了產業界的當紅炸子雞，所以有必要掌握我國自己關於 3D 列印的 SWOT 分析。

一、優勢（Strength）

㈠ 中華民國擁有良好的硬體開發經驗與技術，列印使用的材料研發等相關的人才也極為充沛。

㈡ 3D列印技術讓設計與製造這兩個層面能夠緊密結合，對於我國中小企業可以獲得更大的創新空間，免於技術與成本限制，因此能發想更多新穎的產品與服務。

㈢ 我國擁有筆電與桌機製造代工優勢，如能進一步整合光學模組、鏡頭模組，以及 3D 影像擷取模組組裝能力，將有機會推動我國建構完整 3D 產業鏈。

㈣ 產業群聚略具雛形：2011 年，工研院已積極投入 3D

列印技術，並成立國內第一個 3D 列印製造產業群聚，目前已經有 36 家企業與機關參與，希望能開啟台灣 3D 列印發展契機。

二、劣勢（Weakness）

㈠技術專利

3D 列印從美國發跡，美國廠商就屬 3D System 與 Stratasys 最大，以塑膠原料為主，而金屬原料列印技術就屬歐洲的德國、英國最為著名。由於台灣研發 3D 列印設備時程遠比歐美國家來得稍晚，這使得在研發 3D 列印設備時，很容易觸及或侵犯到國外廠商的專利技術。

㈡創新整合能力弱

以往的代工思維，以及缺乏整合應用的人才，及其所需要的軟實力。

㈢材料有待加強

在 3D 列印加值應用服務與具耐高溫、高硬度列印材料的佈局力道，略顯不足。

三、機會（Opportunity）

市場規模急速擴大，是我國產業重大發展機會。儘管現階段 3D 產業才剛起步，但未來必然呈倍數成長。全球

3D列印機市場規模，從 2014 年的約 10 萬台，成長至 2018 年的 600 萬台。而市場商機並不限 3D 印表機本身，而是包含了輔助技術與衍生服務，從而形成一個完整的生態體系，未來市場成長潛力極大。

根據 PIDA 光電協進會統計，3D 列印的積層（AM）製造市場可分為系統、材料、直接部件，以及服務等部分，材料部分於 2013 年約達 4.5 億美元，服務及部件部分則約 6.5 億美元，整體市場到了 2020 年可達到約 110 億美元的規模。

強敵不多：雖然進入市場的企業很多，但全世界具有 3D 列印技術的國家很少，因此對台灣廠商來說，是新的契機，具無窮潛力。

四、威脅（Threat）

3D列印裝置或武器藍圖就可以製作具殺傷力的武器，將影響國家、人民安全。尤其像美國拿槍亂射或台北捷運鄭捷的殺人案件，都會造成隱憂。如何有效管理，以防範 3D 列印成為社會安全的隱憂。

3D 列印技術已經啟動第三次的工業革命！美國、新加坡和中共等政府，都傾全力發展 3D 列印產業，中華民國當然不能置身事外！為推廣 3D 列印產業，我國應該集

合產、官、學的力量，全力發展此產業。

在 2014 年 6 月舉行的「台北國際光電週」，我國已能設置「台灣 3D 列印展區」，這已顯示 3D 列印技術與機器的能力，並有具體策略來增加國內廠商曝光度與提升台灣產業形象。

Chapter 12

雲端科技與產業

第一節　雲端產業簡介

在網際網路這個無所不包的平台上，如何才是更具經濟效益的營運模式？如何才能使網路服務更加敏捷、快速應變？雲端運算正是整合運算、儲存與網路資源等，順應這個更快速需要的大時代而生。雲端運算觸及各項產業的發展，是當前舉世矚目的新興重要產業。從硬體到軟體，從科技到金融，國際大廠前仆後繼，群起「造雲」。政府更在 2010 年初宣布將「雲端運算」列為四大「新興智慧型產業」中的發展重點。

「雲端運算」之所以如此被看重，關鍵在於透過網際網路呈現嶄新及時的服務新模式。目前隨著行動科技、雲端運算、巨量資料、物聯網一波波的技術來襲，雲端應用相關產業已然驅動許多產業，進一步創造競爭力的關鍵。因此連科技大老都說：「我不去藍海，我上雲端。」由此可見雲端產業的重要性！

企業在新的商業模式中，決勝關鍵在於是否能善用「雲端力」。「雲端力」不是產品，也不是一個口號，而是透過技術的平台，來幫助夥伴與客戶的雲端建置，而改變商業模式的驅動力，讓使用者更便利、彈性。不論是在辦公室、家中、或是戶外，都能隨時掌握任何訊息與進

度，同時更讓企業能輕鬆整合IT資源、節省成本，增進運作的速度與效能。

　　雲端運算最簡單的意涵，就是將運算能力提供出來，作為一種服務，企業或個人可以透過網路取得。使用者所需的資料不用儲存在個人電腦上，而是放在網路的「雲」上面，因此「端」在任何可以使用網路的地方，就可以使用。因此雲端產業的發展，開啟了以軟體及服務為主的競爭時代。

第二節　雲端產業運用

　　收發電郵、網路購物、分享影片、線上遊戲……都已是普遍可見的雲端服務應用。目前「雲端」的運用，已逐漸在醫療、文教、電信、製造、金融與物流等領域發揮其效能，譬如，電子病歷儲存、分析與交換之醫療雲、健康雲；數位內容：網路音樂雲（music）、網路電視雲（TV）、網路遊戲雲（game）、電子圖書雲（e-book）；行動生活：如普及全民便利行動生活之行動交通雲、行動觀光雲、行動商務雲等。

　　以政府來說，則可藉雲端技術平台建置出：交通雲、教育雲、食品雲、圖資雲……。這些雲端的應用，既可達到資訊及時的「交流」，又可帶動政府流程再造、精簡效

率。一旦雲端的應用建置完成，民眾也可立即感受到雲端應用的好處。以下提出雲端產業在不同領域的運用。

一、提升偏鄉教育

　　就教育領域而言，雲端的好處是可隨時隨地反覆觀看，加上省去舟車勞頓的時間。以 2014 年在立院反服貿現場的學生為例，利用網路雲端服務觀看線上課程，不因學運而荒廢課業。換言之，「教育雲」可以縮減城鄉差距，實現數位機會均等。以偏鄉小學生為例，若能輕易地透過網路連接「教育雲」，進行自主學習，一樣可以接受到如台北明星學校般的教育資源及教材，這對於提升偏鄉教育水準一定可以發揮作用。

二、食品追溯履歷、健康雲效益

　　以建立豬肉的生產履歷為例，不論是養豬場、屠宰業、市場業，還是食品加工廠，只要將豬肉產品從養豬場到賣場這一連串流程的所有資訊透明化，就可以讓一般民眾清楚知道所購買的豬肉是否有瘦肉精或其他非法藥物參雜其中，如此則能保障民眾食用台灣豬肉的安全。

三、健康雲

　　以電子病歷交換為例，以往醫療電子多半分屬於硬體

設備、軟體平台、電信通路，以及不同醫療院所等不同領域，而有不同產品。由於領域的不同，導致許多建置環境有著不同的溝通模式。整合前端設備、後端資訊平台，以及醫療資訊服務的完整解決方案──醫療雲。醫療雲商機龐大，雲端讓傳統醫療電子產業的競爭產生新變化！目前在家照護系統、遠端監控系統，均可透過雲端達到創新服務的營運模式。譬如以中華電信與秀傳醫院的合作案為例，2012 年秀傳醫院為了實施行動醫療照護，將 iPad、iPhone 導入醫生巡房應用，讓醫生攜帶平板電腦或智慧型手機，代替笨重的筆記型電腦，作為巡房時的資訊輔助設備，隨時連線查閱病人電子病歷、向病人解說病情。2013 年秀傳醫院讓護理人員使用 iPad，配合護理資訊系統提升病患照護工作的效率，例如向病患解說術前術後的衛教資訊，或是查詢占床率、護理長值班日誌、交班資訊等。

四、交通雲推動效益

　　可即時掌握國道替代道路、省道、主要道路，及重要觀光景點區域聯絡道路等即時的交通資訊，以提升即時交通資訊準確率。

　　過去中華民國在推動各種雲端服務時，偏重在打造提供 IaaS（基礎建設即服務）服務，各種的資料中心。但在

2013 年 12 月曾針對 507 間大型企業進行調查，調查顯示 2014 至 2016 年間，大企業已經開始考慮採用各種 SaaS 雲端服務，其中以雲端防毒（26%）企業採用率最高，其次為雲端電子郵件（23.5%）和線上資料儲存（18.3%）。大企業傾向採用私有雲的形式，中小企業多採用公有雲服務，但這樣的轉變也證明企業對雲端服務的信任度，逐漸增加。

第三節　我國雲端產業SWOT分析

雲端資料中心提供終端裝置無限的運算、儲存與應用程式延展能力。藉由結合服務模式之簡易終端（Thin Client）連網，等同每個人可擁有一部虛擬超級電腦，雲端產品創新，即將主導電腦終端市場。透過雲端產業所提供即時的服務特質，將使產業更具競爭力。

隨著雲端運算帶來的新經濟模式，總體來看，這個新興產業對我國而言，有機會、也有威脅，有優勢、也有弱點，像我國就具備硬體的優勢，在「雲」及「端」的應用發展上，也具有高度的發展潛力。以下針對我國雲端產業，提出 SWOT 分析。

一、優勢（Strength）

㈠ 在雲端系統推動範疇中，資訊硬體部分涵蓋伺服器、儲存設備和電源管理設備等。我國為伺服器硬體與行動裝置生產大國，具備雲端資料中心伺服器、儲存、網路等硬體設備自主製造與平價供應的能力。在「雲」的方面，就國際大廠供應鏈而言，對於雲端基礎設施所需的硬體，我國仍具有相當之競爭優勢。其實硬體大廠也可將雲端運算視為硬體的「加值服務」，不僅可以擴大未來的產品線，也能增加使用者忠誠度。

㈡ 我國企業具備雲端運算及相關應用軟體等發展能力。

㈢ 政府推動網路通訊國家型計畫，使得我國資通訊建設完備、資訊人才素質整齊，台灣適合作為雲端服務創新的實驗基地。

二、劣勢（Weakness）

㈠ 缺乏大型系統軟體研發人才，與缺乏大型系統軟體的產品開發，以及計畫管理經驗。

㈡ 雲端運算需要高額固定設備資本投資，回收時間長，我國一般企業不容易單獨進軍雲端服務市場。

㈢ 雲端產業創造軟、硬體整合雲端服務，是我國資訊產業不擅長的項目。

㈣ 雲端運算技術研發起步晚，追趕不易。

㈤ 企業需求尚未明確，頻寬費用高，內需市場小，潛力用戶業者與軟體廠商保持觀望態度。

三、機會（Opportunity）

㈠ 我國是雲端資料中心元件生產基地，如能掌握雲端系統架構、大型系統管理軟體、資料中心作業系統等技術，在資料中心完整解決方案市場將具成本優勢；國內可投入研發資源，發展出平價優質的資料中心系統。

㈡ 基於我國資訊終端裝置，製造優勢與服務業深厚知識，師法應用軟體市集成功模式，以硬帶軟，引進中小型軟體業者創新應用軟體，可提升我國製造終端裝置附加價值，亦帶動軟體業蓬勃發展。

四、威脅（Threat）

㈠ 從傳統軟體公司轉型到雲端，微軟、亞馬遜、Google……全都進入雲端領域廝殺，所以競爭非常的激烈。國際大廠如 IBM、Microsoft 軟體實力與投資大，也都相繼發表雲端作業系統，如 Blue Cloud 與 Windows DataCenter / Hyper-V，售價昂貴，我國業者缺乏自主技術相對落後。

㈡ 大陸業者已開始投入雲端運算發展，譬如，聯想以 23

　　億美金併購了IBM的伺服器部門，完成雲端產業布局。
有許多大廠已成立雲端計算中心，並已有研發成果。

㊂　台灣沒有自屬的雲端資料中心（Data Center）建設能
　　力，數位資料將掌握於國際大廠手中，國際大廠將長
　　驅直入內需市場，國內資訊服務業恐將沒落。

㊃　在資訊科技快速發展趨勢下，巨量資料及雲端運算的
　　運用，使得資料儲存量呈現爆炸性的成長。但近年來
　　一連串的安全漏洞事件，正凸顯雲端儲存的威脅。

 # 第四節　雲端產業發展策略

　　雲端運算讓電腦運算資源改以服務的形式，經由網際
網路直接取得，重新塑造資訊產業供應鏈，因而引發全球
資訊產業的重新洗牌，與新一波的競爭局勢。目前雲端已
造成產業的改變，如未能掌握契機，將嚴重衝擊我國資通
訊及其他產業。政府的角色，應該是運用資金、法規等政
策工具，建構基礎建設，以引導人才及技術，開創雲端產
業的發展，達成創造經濟價值、增進社會福祉等目的。以
下是雲端發展策略應注意的重心：

一、建立產業共通平台

　　我國擁有豐沛的軟硬體人才，世界第一的資訊硬體硬

實力，與領先亞太的資訊國力軟實績，加上雲端運算技術及服務的發展與運用，全球皆剛起步，所以我國中小企業亟須建立一個產業共通平台，才能凝聚力量，形成產業鏈。有了產業共通平台，就要從整合資訊軟／硬體價值鏈做起，積極朝提供高附加價值的雲端系統、應用軟體、系統整合及服務營運等方面努力。

譬如，雲端服務最大商機領域之一，就是行動設備的整合與運用。以 Apple 公司 iphone 的雲端服務為例，我國雲端業者若能整合行動設備的多元優勢，定能創造出具國際競爭力的雲端服務。

二、建構創新應用的開發能量

累積產業界創新應用開發能量，投入雲端開發測試平台，提供應用開發測試環境。重點工作以推動應用為主，平台與基礎建設為輔。在應用層方面，協助國內應用軟體業者達到雲端服務功能與能量，具備服務擴充性與使用者區隔；在平台層與基礎層方面，在多方磨練與務實評估前提下，儘量使用國內硬體設備與軟體研發成果。

三、落實雲端基礎建設

在雲端應用的時代，有許多重要的基礎建設，像光纖等有線及無線大寬頻網路及資料中心等，這些都是非常重

要的基礎建設。若能鼓勵伺服器硬體業者從事雲端相關設備的研發與製造，並積極拓展國內外市場，則更能加速推動雲端產業的發展。

四、發展五大核心架構

　　整個電腦發展史，從早期「超級電腦／大型電腦」、近期「個人電腦」，而目前正邁入以超大規模數量電腦主機虛擬集結的「雲端運算」時代。在發展雲端產業時，從應用到基礎建設，可分為五大階層性架構，由上而下，分別是應用服務、技術、底層軟體、硬體及機房等。最上層的應用服務，著重應用創新的雲端開發，需要有具體的創意；第二層是應用系統的開發；第三層是底層軟體，並將研發成果導入實際應用，最好能打開國際市場；第四層是以經濟實惠的價格，搭配軟體提供雲端自動擴展的解決方案；第五層是機房建置與管理，重在提升雲端服務業者的機房服務水準，包含節能效率、機電穩定度、機房管理等服務品質。

五、掌握技術發展方向

　　雲端已被視為未來技術發展的重要趨勢。企業在提供雲端服務時，主要也是為了降低成本、複雜度，儘快提供服務給前端使用者使用。針對此特性，雲端技術發展可朝

三大方向努力：(1)虛擬化：如何讓共享伺服器能更有效率？雲端儲存要如何發揮性能？(2)管理：如何管理虛擬化？(3)平行運算：把大計算分成許多小計算。

六、以「使用者中心」的創新

雲端服務提供者未來走向，將以「使用者中心」為服務設計考量。為能滿足客戶及合作夥伴不同營運模式的需求，因此在雲端運算上，必須以客製化雲端服務為主。針對不同雲端應用需求（例如，IT產品設計、供應鏈、物流運籌等），客製化提供上、下游業者客製化的雲端資料中心服務，滿足特定企業族群的雲端服務需求。

七、協助業者創新營運模式

雲端硬碟服務是個人雲服務當中最核心的一項服務。雲端硬碟服務模式為，服務業者以免費或收費的方式，提供雲端空間供使用者將其檔案上傳、儲存、編輯、分享等使用。

標準化的雲端資料中心：支持合作研發開放式雲端作業系統軟體，參與國際組織，洽談標準，自主發展開放式、標準化的雲端資料中心。

八、凸顯資訊安全的重要

　　雲端如果不安全，傷害層面極廣。在資訊安全的部分，應從資訊管理、作業流程、發展目標、效能表現、風險與營運持續性等多個層面，進行全面的防範。

圖書館出版品預行編目資料

科技產業分析／朱延智 著.—三版.—臺北
：五南圖書出版股份有限公司，2014.09
；　公分
N: 978-957-11-7795-3（平裝）

技業 2.技術發展 3.產業分析 4.臺灣
103016930

1FQ2

高科技產業分析

作　　者 － 朱延智（36.1）

發 行 人 － 楊榮川

總 經 理 － 楊士清

總 編 輯 － 楊秀麗

主　　編 － 侯家嵐

責任編輯 － 侯家嵐

文字校對 － 劉芸蓁

封面設計 － 盧盈良、侯家嵐

發 行 者 － 五南圖書出版股份有限公司

地　　址：106 台北市大安區和平東路二段 339 號 4 樓

電　　話：(02)2705-5066　傳　真：(02)2706-6100

網　　址：https://www.wunan.com.tw

電子郵件：wunan@wunan.com.tw

劃撥帳號：01068953

戶　　名：五南圖書出版股份有限公司

法律顧問　林勝安律師

出版日期　2007 年 5 月初版一刷
　　　　　2010 年 7 月二版一刷
　　　　　2014 年 9 月三版一刷
　　　　　2023 年 2 月三版三刷

定　　價　新臺幣 380 元